国家现代肉羊产业技术体系系列丛书·之六

肉羊饲养新技术

现代肉羊产业技术体系营养与饲料功能研究室　编著

U0320845

中国农业科学技术出版社

图书在版编目（CIP）数据

肉羊饲养新技术／现代肉羊产业技术体系营养与饲料功能研究室编著 . —北京：中国农业科学技术出版社，2013.4
ISBN 978 - 7 - 5116 - 1267 - 0

Ⅰ．①肉…　Ⅱ．①现…　Ⅲ．①肉用羊 – 饲养管理　Ⅳ．①S826.9

中国版本图书馆 CIP 数据核字（2013）第 073777 号

责任编辑	贺可香
责任校对	贾晓红

出 版 者	中国农业科学技术出版社
	北京市中关村南大街 12 号　邮编：100081
电 话	（010）82106638（编辑室）　（010）82109702（发行部）
	（010）82109709（读者服务部）
传 真	（010）82106650
网 址	http://www.castp.cn
经 销 者	各地新华书店
印 刷 者	北京科信印刷有限公司
开 本	787 mm ×1 092 mm　1/16
印 张	11　彩插　4
字 数	300 千字
版 次	2013 年 4 月第 1 版　2014 年 3 月第 2 次印刷
定 价	42.00 元

《国家现代肉羊产业技术体系系列丛书》编委会

主　任：旭日干

副主任：李秉龙　荣威恒　刁其玉　刘湘涛

委　员：（按姓氏笔画顺序）

刁其玉　王建国　王　锋　刘湘涛　旭日干

杜立新　李秉龙　李发弟　张英杰　荣威恒

徐刚毅　徐义民　廛洪武

《肉羊饲养新技术》编委会

主　编：刁其玉　王　锋　张英杰　金　海　侯广田

编委会：（按姓氏笔画顺序）

刁其玉　王子玉　王文奇　王　锋　刘月琴

刘艳丰　李长青　张英杰　张建新　张春香

张艳丽　金　海　侯广田　姜成钢　薛树媛

总　序

　　随着人们生活水平的提高和饮食观念的更新，日常肉食已向高蛋白、低脂肪的动物食品方向转变。羊肉瘦肉多、脂肪少、肉质鲜嫩、易消化、膻味小、胆固醇含量低，是颇受消费者欢迎的"绿色"产品，而且肉羊产业具有出栏早、周转快、投入较少的突出特点。

　　目前，肉羊业发展最具有国际竞争力的国家为新西兰、澳大利亚和英国等发达国家，他们已建立了完善的肉羊繁育体系、产业化经营体系，并拥有自己的专用肉羊品种。这些国家的肉羊良种化程度和产业化技术水平都很高，占据着整个国际高档羊肉的主要市场。

　　我国肉羊产业发展飞快，短短50年，已由一个存栏量只有4 000多万只的国家发展成为世界第一养羊大国。目前，我国绵羊、山羊品种资源丰富，存栏量近3亿只，全国各省、自治区、直辖市均有肉羊产业分布。养羊业不仅是边疆和少数民族地区农牧民赖以生存和这些地区经济发展的支柱产业，而且在农区发展势头更为迅猛。近年来，我国已先后引进许多国外优良肉用羊品种，为我国肉羊业发展起到了积极的推动作用，养羊业已成为转变农业发展方式、调整产业结构、促进农民增收的主要产业之一，在畜牧业乃至农业中占有重要地位。

　　但是，我国肉羊的规模化生产还处于刚刚起步阶段。从国内养羊的总体情况来看，良种化程度低，尚未形成专门化的肉羊品种；养殖方式粗放，大多采用低投入、低产出、分散的落后生产经营方式；在饲养管理、屠宰加工、销售服务等环节还存在许多质量安全隐患；羊肉及其产品的深加工研究和开发力度不够，缺乏有影响、知名度高的名牌羊肉产品；公益性的社会化服务体系供给严重不足。

　　2009年2月国家肉羊产业技术体系建设正式启动，并制定出一系列的重大技术方案，旨在解决我国肉羊产业发展中的制约因素，提升我国养羊业的科技创新能力和产业化生产水平。

　　国家现代肉羊产业技术体系凝聚了国内肉羊育种与繁殖、饲料与营养、疫病防控、屠宰加工和产业经济最为优秀的专家和技术推广人员，我相信由他们编写的"国家现代肉羊产业技术体系系列丛书"的陆续出版，对我国肉羊养殖新技术的推广应用以及肉羊产业可持续发展，一定会起到积极的推动作用。

国家现代肉羊产业技术体系首席科学家

中国工程院院士

2010 年 4 月 12 日

前　　言

2009 年 2 月我国肉羊产业技术体系建设正式启动，近几年来制定出重要发展战略和一系列的技术方案，旨在解决制约我国肉羊产业发展的技术问题，提升我国肉羊的生产水平。

肉羊产业技术体系营养与饲料研究室有 6 个技术岗位及研究团队，岗位专家及团队成员根据生产实际和未来的发展方向，展开了一系列科学试验和生产实践，取得了能够在生产中见效的阶段性研究成果及轻简技术，这些技术措施被生产实际证明是行之有效的方法。将这些技术进行整理编写了《肉羊饲养新技术》，本书的要点是肉羊的舍饲饲养技术，重点讲述农区舍饲条件下的肉羊日粮配制技术和管理技术；羔羊早期断奶新技术，告诉肉羊饲养者如何让羔羊早期断奶，提高羔羊的成活率的方法，同时实现母羊 1 年 2 产或 2 年 3 产；全混合日粮配制技术，详细介绍了肉羊不同阶段的日粮配制技术和使用方法；食品工业副产品和农作物副产品生物发酵技术，讲述了如何利用生物技术发酵农副产品，变废为宝，使副产品成为优质饲料；木本饲料的营养价值和利用技术，论证了如何开辟饲料资源，在牧区充分利用木本植物，如灌木等作为肉羊的饲料资源的技术；肉羊的频密繁育与营养调控技术，报告了不同品种肉羊的适宜杂交组合和通过营养措施调控母羊的生产性能，提高母羊的使用效果。本书具有通俗易懂、照方抓药的作用，相信这本书的出版发行能对我国的肉羊饲养和新技术的应用产生推动作用，为肉羊产业的发展提供技术支持。

尽管我们做了很多努力，但书中不当之处和疏漏仍然在所难免，敬请广大读者批评指正。

编者

目　　录

第一章　肉羊舍饲饲养技术

舍饲就是将羊关在羊舍内饲养。羊舍内设有饲槽和饮水器具，每天喂草料2~3次，饮水2~3次，舍饲羊只在青草期每天每只喂给青草或鲜树叶等3~5kg；冬春枯草期每天每只喂青干草1.5~2kg。在饲喂时要求先喂粗饲料，后喂精料；先喂适口性差的，后喂适口性好的，这样有助于增加采食量，也可以制成全混合饲料或颗粒饲料进行饲喂。

目前，为了提高羊肉产量、羊肉品质及劳动生产率，可实行机械化舍饲育肥，机械化舍饲，就是人工控制小气候，采用全价颗粒配合饲料，让羊自由采食、饮水。为了实行集约化肥羔生产，一些先进国家对母羊进行激素控制，同期发情、同期排卵、配种；对产前母羊进行诱发分娩，同期产羔；对羔羊实施早期断奶、用人工乳饲养羔羊，促进母羊多产羔。肥羔生产的羔羊大都是杂种羊，这样羔羊生长发育快、早熟、肉用品质好。

我国的大尾寒羊、小尾寒羊、同羊、阿勒泰羊、乌珠穆沁羊及引入我国的夏洛莱肉羊、陶赛特羊、萨福克羊、杜波羊等肉用性能好，生长发育快，可实行机械化舍饲。

第一节　羊的生物学特性

羊作为反刍动物，有其特有的习性和消化生理特点。了解和掌握羊的生物学特性，在养殖过程中遵循其规律，可以降低养殖成本，提高养殖效率。

一、羊的生活习性

（一）合群性

羊的群居行为很强，尤其绵羊群居性更强，很容易建立起群体结构。羊只主要通过视、听、嗅、触等感官活动来传递和接受各种信息，以保持和调整群体成员之间的活动，头羊和群体内的优胜序列有助于维系此结构。

不同绵羊品种群居行为的强弱有别。一般地讲，粗毛肉羊品种最强，肉毛兼用品种次之。由于羊的群居行为强，羊群间距离近时，有少数羊混了群，其他羊亦随之而来，容易混群。另外，少数羊受了惊，其他羊亦跟上狂奔，引起"炸群"，所以，在管理上应避免混群和"炸群"。

（二）性情特点

绵羊性情温驯，胆小易惊，山羊则活泼爱动，勇敢顽强，喜欢登高攀岩。

绵羊性情温驯，反应迟钝，胆小易受惊吓，是最胆小的家畜。绵羊可以从暗处到明处，而不愿从明处到暗处。遇有物体折光、反光或闪光，例如，药浴池和水坑的水面，门窗栅条的折射光线，板缝和洞眼的透光等，常表现畏惧不前。这时，指挥带头羊先入或关进几头羊，能带动全群移动。突然的惊吓，容易出现"炸群"。当遇兽害时，绵羊无自卫能力，四散逃避，不会联合抵抗。

山羊的性情比绵羊活泼，行动敏捷。喜欢登高，善于跳跃。在羊栏内，小羊喜欢跳到墙头上，甚至跑到屋顶上活动。山羊机警灵敏，大胆顽强，记忆力强，易于训练成特殊用途的羊。我国驯兽者也利用这一特性，训练山羊成为娱乐工具。当遇兽害时，山羊能主动大呼求救，并且有一定的抗御能力，山羊喜角斗，角斗形式有正向互相顶撞和跳起斜向相撞两种；绵羊则只有正向相撞一种。因此，有"精山羊，疲绵羊"之说。

（三）可利用饲料广

绵羊的颜面细长，嘴尖，唇薄齿利，上唇中央有一中央纵沟，运动灵活，下颚门齿向外有一定的倾斜度，故能啃食接触地面的短草，利用许多其他家畜不能利用的饲草饲料。羊利用饲草饲料广泛，如多种牧草、灌木、农副产品以及禾谷类籽实等均能利用。

山羊嘴较窄、牙齿锋利，嘴唇薄而灵活，比绵羊利用饲料的范围更广泛。

（四）喜干燥，怕湿热

羊汗腺不发达，散热机能差。在炎热天气应避免湿热对羊体的影响，尤其在我国南方地区，高温高湿是影响羊生产发展的一个重要原因。

养羊的圈舍和休息场，都以高燥为宜。如久居泥泞潮湿之地，则羊只易患寄生虫病和腐蹄病，甚至毛质降低，脱毛加重。不同的绵羊品种对气候的适应性不同，如细毛羊喜欢温暖、干旱、半干旱的气候，而肉用羊和肉毛兼用羊则喜欢温暖、湿润、全年温差较小的气候，但长毛肉用种的罗姆尼羊，较能耐湿热气候和适应沼泽地区，对腐蹄病有较强的抗力。

我国北方很多地区相对湿度平均在40%～60%（仅冬、春两季有时可高达75%），故适于养绵羊，特别是养细毛羊；而在南方的高湿高热地区，则较适于养肉用羊。

相比而言，山羊较绵羊耐湿，在南方的高湿高热地区，则较适于养山羊。在南方地区，除应将羊舍尽可能建在地势高燥、通风良好、排水通畅的地方外，还应在羊圈内修建羊床或将羊舍建成带漏缝地面的楼圈。

（五）爱清洁

羊具有爱清洁的习性。羊喜吃干净的饲料，饮清凉卫生的水。草料、饮水一经污染或有异味，就不愿采食、饮用。因此，在舍内饲养时，应少喂勤添，以免造成草料浪费。平时要加强饲养管理，注意饲草饲料清洁卫生，饲槽要勤扫，饮水要勤换。

（六）嗅觉灵敏

羊的嗅觉比视觉和听觉灵敏，这与其发达的腺体有关。其具体作用表现在以下三方面。

1. 靠嗅觉识别羔羊

羊嗅觉灵敏，母羊主要凭嗅觉鉴别自己的羔羊，视觉和听觉起辅助作用。分娩后，母羊会舔干羔羊体表的羊水，并熟悉羔羊的气味。羔羊吮乳时母羊总要先嗅一嗅羔羊后躯部，以气味识别是不是自己的羔羊。利用这一特点，寄养羔羊时，只要在被寄养的孤羔和多胎羔羊身上涂抹保姆羊的羊水，寄养多会成功。个体羊有其自身的气味，一群羊有群体气味，一旦两群羊混群，羊可由气味辨别出是否是同群的羊。

2. 靠嗅觉辨别植物气味

羊在采食时，对植物气味很敏感，应选择含蛋白质多、粗纤维少、没有异味的牧草饲喂。

3. 靠嗅觉辨别饮水的清洁度

（七）适应能力

适应性主要包括耐粗饲、耐热、耐寒、抗病力等方面的表现。这些能力的强弱，不仅直接关系到羊生产力的发挥，同时，也决定着各品种的发展命运。例如，在干旱贫瘠的山区、荒漠地区和一些高温高湿地区，往往难以生存。

1. 耐粗饲性

绵羊在极端恶劣条件下，具有令人难以置信的生存能力，能依靠粗劣的秸秆、树叶维持生活。与绵羊相比，山羊更能耐粗饲，除能采食各种杂草外，还能啃食一定数量的草根树皮，比绵羊对粗纤维的消化率要高出 3.7%。

2. 耐热性

绵羊的汗腺不发达，蒸发散热主要靠喘气，其耐热性较差。当夏季中午炎热时，常有停食、喘气和"扎窝子"等表现。"扎窝子"即羊将头部扎在另一只羊的腹下取凉，互相扎在一起，越扎越热，越热越扎挤在一起，很容易伤羊。所以，夏季应设置防暑措施，防止扎窝子，要使羊休息乘凉，羊场要有遮阴设备，可栽树或搭遮阴棚。

比较而言，山羊较耐热，气温 37.8℃ 时仍能继续采食。当夏季中午炎热时，山羊也从不发生扎窝子现象，照常东游西窜。

3. 耐寒性

绵羊由于有厚密的被毛和较多的皮下脂肪，以减少体热散发，故较耐寒。细毛羊及其杂种的被毛虽厚，但皮板较薄，故其耐寒能力不如粗毛羊；长毛肉用羊原产于英国的温暖地区，皮薄毛稀，引入气候严寒之地，为了增强抗寒能力，皮肤常会增厚，被毛有变密变短的倾向。

山羊没有厚密的被毛和较多的皮下脂肪，体热散发快，故其耐寒性低于绵羊。

4. 抗病力

羊的抗病力较强。一般来说，山羊的抗病力比绵羊强。体况良好的羊只对疾病有较强的耐受能力，病情较轻一般不表现症状，有的甚至临死前还能勉强吃草料。因此，舍饲管理必须细心观察，才能及时发现病羊。如果等到羊只已停止采食或反刍时再进行治疗，疗效往往不佳，会给生产带来很大损失。

二、肉羊消化机能特点

（一）消化器官特点

1. 胃

羊属反刍动物，具有四个胃室。第一个胃叫瘤胃，容积较大，可作为临时的"贮存库"，贮藏在较短时间采食的未经充分咀嚼而咽下的大量饲草，待休息时反刍。第二个胃叫网胃，为球形，内壁分隔成很多网格，如蜂巢状故又称蜂巢胃，网胃的主要功能如同筛子，随着饲料吃进去的重物，如钉子和铁丝，都存在其中。第三个胃叫瓣胃，内壁有无数纵列的褶膜，对食物进行机械性压榨作用，瓣胃的作用犹如一过滤器，分出液体和消化细粒，输送入皱胃。另外，进入瓣胃的水分有 30%～60% 被吸收，同时，有 40%～70% 的挥发性脂肪酸、钠、磷等物质被吸收，显著减少进入皱胃的消化体积。第四个胃叫皱胃，类似单胃动物的胃，胃壁黏膜有腺体分布。前三个胃由于没有腺体组织，不能分泌酸和消化酶类，对饲料起发酵和机械性消化作用，称为前胃。第四个胃，具有分泌盐酸和胃蛋白酶的作用，可对食物进行化学性消化，又称真胃。成年绵羊四个胃总容积近30L，山羊为16L左右，瘤胃最大，皱胃次之，网胃较小，瓣胃最小。各胃室容积占总容积比例见表1-1。

表1-1 羊与其他畜种消化道相对容积的比较

畜别	各消化道部位的容积（%）				肠长为体长的倍数
	胃	小肠	盲肠	结肠与直肠	
绵羊	67	21	2	10	27
山羊	66	22	2	10	26
牛	71	18	3	8	20
马	9	30	16	45	12

羊胃的大小和机能，随年龄的增长发生变化。初生羔羊的前三胃很小，结构还不完善，微生物区系尚未健全，不能消化粗纤维，初生羔羊只能靠母乳生活。此时母乳不接触前三胃的胃壁，靠食道沟的闭锁作用，直接进入真胃，由真胃凝乳酶进行消化。随着日龄的增长，消化系统特别是前三胃不断发育完善，一般羔羊生后10~14d开始补饲一些容易消化的精料和优质牧草，以促进瘤胃发育；到1.5月时，瘤胃和网胃重占全胃的比例已达到成年程度，如不及时采食植物性饲料，则瘤胃发育缓慢，只有采食植物性饲料后，瘤胃的生长发育加速，并且逐步建立起完善的微生物区系。采食的植物性饲料为微生物的繁殖、生长创造了营养条件，反过来微生物区系又增强了对植物饲料的消化利用。可以说，瘤胃的发育，植物性饲料的利用，以及瘤胃微生物的活动，三者是相辅相成的，因此，瘤网胃内微生物区系的建立是通过饲料和个体间的接触产生的。瘤胃只是在羔羊开始吃采食饲料时才逐渐发育，等到完全转为反刍型消化系统，自然哺乳羔羊需要1.5~2个月，而早期断奶羔羊，如在人工哺乳或自然哺乳阶段实行早期补饲时，仅需要4~5周。

2. 小肠

肠是食物消化和吸收的主要场所，小肠液的分泌与其他大部分消化作用在小肠上部进行，而消化产物的吸收在小肠下部。蛋白质消化后的多肽和氨基酸以及碳水化合物消化产物葡萄糖通过肠壁进入血液，运送至全身各组织。各种家畜中山羊和绵羊的小肠最长，山羊小肠为其体长的27倍之多。小肠的主要作用是吸收营养物质。

3. 大肠

大肠的直径比小肠大，长度比小肠短，约为8.5m。大肠无分泌消化液的功能，但可吸收水分、盐类和低级脂肪酸。大肠主要功能是吸收水分和形成粪便。凡小肠内未被消化吸收的营养物质，也可在大肠微生物和小肠液带入大肠内的各种消化酶的作用下分解、消化和吸收，剩余渣滓随粪便排出。

（二）消化生理特点

1. 反刍

反刍是羊的正常消化生理机能。反刍是指反刍动物在食物消化前把食团吐出经过再咀嚼和再咽下的活动。其机制是饲草刺激网胃、瘤胃前庭和食管沟的黏膜，反射性引起逆呕。反刍多发生在吃草之后，稍有休息，一般在 30 ~ 60min 后便开始反刍。反刍中也可随时转入吃草。反刍时，羊先将食团逆呕到口腔内，与唾液充分混合后再咽入腹中，有利于瘤胃微生物的活动和粗饲料的分解。

白天或夜间都有反刍，羊每日反刍时间约为 8h，一般白天 7 ~ 9 次，夜间 11 ~ 13 次，每次 50 ~ 70min，午夜到中午期间反刍的再咀嚼速率较慢。反刍次数及持续时间与草料种类、品质、调制方法及羊的体况有关，采食的饲草粗纤维含量高，反刍时间延长，相反缩短；饲草含水量大，时间短；干草粉碎后的反刍活动快于长干草；同量饲料多次分批喂给时，反刍时逆呕食团的速率快于一次全量喂给。

羔羊在哺乳期，早期补饲容易消化的植物性饲料，能刺激前胃的发育，可提早出现反刍行为。

当羊过度疲劳、患病或受到外界的应激刺激时，会造成反刍紊乱或停止，引起瘤胃膨气，对羊的健康不利。反刍停止的时间过长，由于瘤胃内食进的饲料滞留引起局部炎症，常使反刍难以恢复。疾病、突发性声响、饥饿、恐惧、外伤等均能影响反刍行为。母羊发情、妊娠最后阶段和产后舐羔时，反刍活动减弱或暂停。为保证羊有正常的反刍，必须提供有安静的环境。羊反刍姿势多为侧卧式，少数为站立。

2. 瘤胃微生物的消化作用

瘤胃是反刍动物所特有的消化器官，是食物的贮存库，除机械作用外，瘤胃内有广泛的微生物区系活动。瘤胃不能分泌消化液，其消化机能主要是通过瘤胃微生物实现的。主要微生物有细菌、纤毛虫和真菌，其中，起主导作用的是细菌。据测定，每克羊瘤胃内容物中，细菌数量高达 150 亿个以上，纤毛虫为 60 万 ~ 180 万个。瘤胃微生物的类别和数量不是固定不变的，随饲料的不同而异，不同饲料所含成分不同，需要不同种类的微生物才能分解消化，改变日粮时，微生物区系也发生变化。所以，变换饲料要逐渐进行，使微生物能够适应新的饲料组合，保证消化正常。突然变换饲料往往会发生消化道疾病。瘤胃内的微生物，对羊食入草料的消化和营养，具有重要意义。

①消化碳水化合物（尤其是粗纤维）能力极强：羊采食饲料中 55% ~ 95% 的可溶性碳水化合物、70% ~ 95% 的粗纤维是在瘤胃中被消化的。反刍家畜之所以区别于单胃动物，能够以含粗纤维较高、质量较差的饲草维持生命并进行生产，就是因为具有瘤胃微生物。在瘤胃的机械作用和微生物酶的综合作用下，碳水化合物（包括结构性和非结构性碳水化合物）被发酵分解，最终产生挥发性脂肪酸（VFA），主要由乙酸、丙酸和丁酸组成，也有少量的戊酸，同时释放能量，部分能量以三磷酸腺苷的形式供微生物活动。这些挥发性脂肪酸大部分被瘤胃壁吸收，随血液循环进入肝脏，合成糖原，提供能量供羊利用，也可与氨气在微生物酶的作用下合成氨基酸，还具有调节瘤胃正常 pH 值的作用。

②合成微生物蛋白，改善日粮品质：瘤胃可同时利用植物性蛋白质和非蛋白氮（NPN）合成微生物蛋白质。瘤胃微生物分泌的酶能将饲料中的植物性蛋白质水解为肽、氨基酸和氨，也可将饲料中的非蛋白含氮化合物（如尿素等）水解为氨。在瘤胃内能源供应充足和具有一定数量的蛋白质条件下，瘤胃微生物可将其合成微生物蛋白质（细菌蛋白）。微生物蛋白含有各种必须氨基酸，具有比例合适、组成稳定、生物学价值高的特点。可见瘤胃发酵，不仅能改善日粮的蛋白品质，而且能使羊能有效地利用非蛋白氮。据测定，微生物合成的菌体蛋白数量很大，可供羊体每天消化利用的 3/5。饲料蛋白在瘤胃中被消化的数量主要

取决于降解率和通过瘤胃的速度。非蛋白氮如尿素的分解速度相当快，在瘤胃中几乎全部分解，饲料中的可消化蛋白质约有 70% 被水解。饲料中总氮含量、蛋白质含量以及可发酵能的浓度是影响瘤胃微生物蛋白合成量的主要因素，另外一些微量元素锌、铜、钼等，也对瘤胃微生物合成菌体蛋白具有一定的影响。

③氢化脂类（不饱和脂肪酸）：瘤胃微生物可将饲料中的脂肪酸分解为不饱和脂肪酸，并将其氢化形成饱和脂肪酸。羊采食饲草所含脂肪大部分是由不饱和脂肪酸构成，而羊体内脂肪大部分为饱和脂肪酸，且相当数量是反式异构体和支链脂肪酸。现已证明，瘤胃是对不饱和脂肪酸氢化形成饱和脂肪酸，并将顺式结构的饲料脂肪酸转化为反式结构的羊体脂肪酸的主要部位，同时，瘤胃微生物亦能合成脂肪酸。Sutton（1970）测定，绵羊每天可合成 22g 左右的长链脂肪酸。

④合成维生素：瘤胃微生物可以合成 B 族维生素，包括维生素 B_1、维生素 B_2、维生素 B_6、维生素 B_{12}、遍多酸和尼克酸等。饲料中氮、碳水化合物和钴的含量是影响瘤胃微生物合成 B 族维生素的主要因素。饲料中氮含量高，则 B 族维生素合成量多，但氮来源的不同，B 族维生素的合成情况亦不同，如以尿素作为补充氮源，硫胺素和维生素 B_{12} 的合成量不变，但核黄素的合成量增加；碳水化合物中淀粉的比例增加，可提高 B 族维生素的合成量；补饲钴，可增加维生素 B_1 的合成量。瘤胃微生物还可以合成维生素 K，研究表明，瘤胃微生物可合成甲萘醌-10、甲萘醌-11、甲萘醌-12 和甲萘醌-13，它们都是维生素 K 的同类物。一般情况下，瘤胃微生物合成的 B 族维生素和维生素 K 足以满足各种生理状况下的需要，不需另外添加。

（三）羊对饲料利用的特点

1. 瘤胃内的微生物可以分解粗纤维，羊可利用粗饲料作为主要的能量来源

粗纤维还可以起到促进反刍、胃肠蠕动和填充作用。由于瘤胃微生物具有分解粗纤维的功能，所以，成年羊可以有效地利用各种粗饲料，且羊的饲粮组成中也不能缺乏粗饲料。羊的日粮中必须有一定比例的粗纤维，否则瘤胃中会出现乳酸发酵抑制纤维、淀粉分解菌的活动，表现为食欲丧失、前胃迟缓、拉稀、生产性能下降，严重时可能造成死亡。

2. 养羊生产中可以利用尿素、铵盐等非蛋白氮作为饲料蛋白来源

虽然瘤胃微生物可利用非蛋白氮合成微生物蛋白质，但是，瘤胃微生物有优先利用蛋白氮的特点，所以，只有当饲料中蛋白质不能满足需要时，日粮中才添加非蛋白氮作为补充饲料代替部分植物性蛋白质，一般非蛋白氮用量不宜超过蛋白需要量的30%。

3. 配制饲粮时一般不考虑添加必需氨基酸、B 族维生素和维生素 K

由于瘤胃微生物可将饲料蛋白和非蛋白氮合成为菌体蛋白质，菌体蛋白质富含必需氨基酸，所以，饲粮中一般不需要考虑添加必需氨基酸。但是对于早期断奶羔羊，瘤胃微生物功能尚未完善，配置日粮时要有所考虑。

4. 羊的饲料转化率低

瘤胃微生物发酵产生甲烷和氢，其所含的能量被浪费掉，微生物的生长繁殖也要消耗掉一部分能量，所以，羊的饲料转化效率一般低于单胃家畜。

5. 瘤胃消化为反刍家畜提供重要的营养来源

所以，必须满足瘤胃微生物生长繁殖的营养需要和维持瘤胃正常的环境，才能发挥羊的生产潜力，羊的日粮中必须富含蛋白质、能量的精饲料和富含胡萝卜素的鲜嫩多汁饲料。

6. 饲料营养物质的瘤胃降解，造成了营养浪费

瘤胃微生物的发酵，将一些高品质的饲料，如高品质的蛋白质饲料、脂肪酸等，分解为挥发性脂肪酸和氨等，造成营养上的浪费。因此，一方面，应利用大量廉价饲草饲料以保证瘤胃微生物最大生长繁殖的营养需要。另一方面，应用过瘤胃保护技术，躲过瘤胃发酵而直接到真胃和小肠消化吸收，是提高饲草饲料利用率极为有效的方法。

第二节　羊舍环境控制

一、肉羊舍饲场址的选择

场址选择关系到养羊成败和经济效益，也是羊场设计遇到的首要问题。选择羊场场址时，应对地势、地形、土质、水源以及居民点的配置、交通、电力等物资供应条件进行全面的考虑。场址选择除考虑饲养规模外，应符合当地土地利用规划的要求，充分考虑羊场的饲草饲料条件，还要符合羊的生活习性及当地的社会自然条件。较为理想的场址选择应具备下述基本条件。

1. 地势地形

地势要高燥，建场地的地下水位一般要在 2m 以下，平坦，背风向阳，排水良好，通风干燥，可有适当的缓坡，坡度一般以 1% ~ 3% 为宜，使羊只处于较干燥、通风的凉爽环境中。不能在低洼涝地、水道、风口处和深谷里建场，因为地势低洼的场地容易积水且道路泥泞，污浊空气不易驱散，夏季通风不良，空气闷热，有利蚊蝇和微生物滋生，而冬季寒冷，影响羊舍的保温隔热性能及使用寿命，同时羊易患病。为防水灾，选择的场地要远离河槽。

2. 土壤

土壤是羊场理想的建筑用地。土壤的特性介于沙土和黏土之间，易于保持干燥，土温较稳定，膨胀性小，自净能力强，对羊只健康、卫生防疫和饲养管理工作都比较有利。

黏土土质不宜作为羊场场址，因其透水性差、吸潮后导热性大。在黏土上修建羊场后，羊舍容易潮湿，冬天寒冷。

3. 水源

饮用水的质量对于羊的健康极为重要，饮用水的水源应该是清洁、安全、无污染，不经过任何处理或经过净化消毒处理，符合畜禽饮水水质标准。羊场的水源要求水量充足，能够满足场内各项用水；便于防护，取用方便。可选择地下水和地表水，饮水最好选择泉水和深井水，也可选择洁净的溪水，不能在水源严重不足或水源严重污染的地区建场。

4. 饲草、饲料条件

在建羊场时要充分考虑饲草、饲料条件。必须要有足够的饲草、饲料基地或便利的饲草来源，饲料要尽可能就地解决。

5. 便于防疫

羊场场地的环境及附近的兽医防疫条件的好坏是影响羊场经营成败的关键因素之一。场址选择时要充分了解当地和四周疫情，不能在疫区建场，羊场周围的居民和牲畜应尽量少些，以便发生疫情时进行隔离封锁。建场前要对历史疫情做周密的调查研究，特别警惕附近的兽医站、畜牧场、集贸市场、屠宰场、化工厂等距拟建场地的距离、方位、有无自然隔离

条件等，同时要注意不要在旧养殖场上建场或扩建。羊场与居民点之间的距离应保持在300m以上，与其他养殖场应保持500m以上，距离屠宰场、制革厂、化工厂和兽医院等污染严重的地点越远越好，至少应在2 000m以上。做到羊场和周围环境互不污染。如有困难，应以植树、挖沟等建立防护设施加以解决。

6. 交通供电方便

羊场要求交通便利，便于饲草运输，特别是大型集约化的商品场和种羊场，其物资需求和产品供销量极大，对外联系密切，故应保证交通方便。但为了防疫卫生，羊场与主要公路的距离至少要在1 000m以上。羊舍最好建在村庄的下风头与下水头，以防污染村庄环境。

此外，选择场址时，还应重视供电条件，特别是集约化程度较高的羊场，必须具备可靠的电力供应。在建场前要了解供电源的位置、与羊场的距离、最大供电允许量、供电是否有保证。如果需要，可自备发电机，以保证场内供电的稳定可靠。

7. 社会条件

新建羊场选址要符合当地城乡建设发展规划的用地要求，否则随着城镇建设发展，将被迫转产或向远郊、山区搬迁，会造成重大的经济损失。

新建羊场选址要参照当地养羊业的发展规划布局要求，综合考虑本地区的种羊场、商品羊场、养羊小区和养羊户等各种饲养方式的合理组织和搭配布局，并与饲料供应、屠宰加工、兽医防疫、市场与信息、产品营销、技术服务体系建设相互协调。

二、羊场的规划布局

（一）羊场规划布局的原则

1. 应体现建场方针、任务，在满足生产要求的前提下，做到节约用地，少占或不占可耕地。

2. 在发展大型集约化羊场时，应当全面考虑粪便和污水的处理和利用。

3. 因地制宜，合理利用地形地物。例如，利用地形地势解决挡风防寒、通风防热、采光等。根据地势的高低、水流方向和主导风向，按人、羊、污的顺序，将各种房舍和建筑设施按其环境卫生条件的需要给予排列（图1-1）。并考虑人的工作环境和生活区的环境保护，使其尽量不受饲料粉尘、粪便气味和其他废弃物的污染。

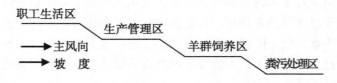

图1-1 羊场各区依地势风向配置示意图

4. 应充分考虑今后的发展，在规划时要留有余地，对生产区的规划更应注意。

（二）各种建筑物的分区布局

在羊场总体规划布局时，通常分为生产区、供应区、办公区、生活区、病羊管理区及粪便污水处理区。布局时既要考虑卫生防疫条件，又要照顾各区间的相互联系，因此，在羊场布局上要着重解决主导风向、地形和各区建筑物之间的距离。

生产区是全场的主体，主要是各类羊舍。如本地区的主风向是北风，羊场应设在南边。

生产区的羊舍布局由北向南依次按产羔室、羔羊舍、育成羊舍、成年羊舍的顺序安排，避免成年羊对羔羊有可能造成的感染。生产区入口处必须设置洗澡间和消毒池。在生产区内应按规模大小、饲养批次的不同，将其分成几个小区，各小区之间应相隔一定的距离。

羊舍的一端应设有专用粪道与处理场相通，用于粪便和脏污等的运输。人行与运输饲料应有专门的清洁道，两道不要交叉，更不能共用，以利于羊群健康。

羔羊舍和育成羊舍应设在羊场的上风向，远离成年羊舍，以防感染疾病；育成羊舍应安排在羔羊舍和成年羊舍之间，便于转群；种羊舍可和配种室或人工授精室结合在一起。在羊场的整体布局时还要考虑到发展的需要，留有余地。

羊场的良好环境，有益于羊群的健康，对羊场场区的绿化也应纳入羊场规划布局之中。绿化对美化环境，改善小气候，净化空气，吸附粉尘，减弱噪音有积极的作用，良好的场区绿化，夏季可降低辐射热，冬季可阻挡寒流袭击。

饲料供应和办公区应设在与风向平行的一侧，距离生产区80m上。生活区应设在场外，离办公区和供应区100m以外处。兽医室、粪便污水处理区应设在下风口或地势较低的地方，间距100～300m。上述的设置能够最大限度地减少羔羊、育成羊的发病机会，避免成年羊舍排出的污浊空气的污染。但有时由于实际条件的限制，做起来十分困难，可以通过种植树木，建阻隔墙等防护措施加以弥补。

三、羊舍建筑

（一）羊舍设计的基本参数

1. 羊只占地面积

羊只占地面积取决于羊只的生产方向和用途及当地的气候条件，原则上要保证舍内空气新鲜、干爽，冬春季能防寒保温，夏秋季不致过热。羊舍应有足够的面积，使羊在舍内能够自由运动，使羊不感到拥挤。如果面积太小，就会拥挤、潮湿、脏污和空气不好，有碍羊的健康，而且管理也不方便；面积过宽，则会造成投资浪费，也不利于冬季保暖。

羊舍的面积因羊的种类、品种、性别、生理状态和当地气候的不同，要求也不一样。进行羊舍建造时参考以下标准：种公羊1.5～2.0m²/只（大型羊最多4～6m²/只）；怀孕前期母羊0.8～1.0m²/只，最大1.2m²/只；怀孕后期和哺乳母羊1.1～1.2m²/只（产春、秋羔），1.8～2.0m²/只（产冬羔）；幼龄公羊、母羊0.5～0.6m²/只，最大0.8m²/只；羔羊（须单独组群时）0.4～0.6m²/只；肥育羊0.6～0.8m²/只。

2. 运动场

无论何类羊舍均须建有运动场，供羊活动。运动场面积一般为羊舍面积的2～3倍，成年羊运动场面积可按4m²/只计算。运动场地面应比羊舍低15～30cm，而比运动场外高15～30cm。

为方便生产管理和进行规模化饲养，羊舍都是以每间为单位，连同运动场分为若干独立的单元或小栏。

3. 羊舍的跨度和长度

羊舍的跨度一般不宜过宽，有窗自然通风羊舍跨度以6～9m为宜，这样舍内空气流通较好。羊舍的长度没有严格的限制，但考虑到设备安装和工作方便，一般以50～80m为宜。羊舍长度和跨度除要考虑羊只所占面积外，还要考虑生产操作所需要的空间及饲槽利用情况等。

4. 羊舍高度

羊舍高度根据气候条件有所不同。在气候不太炎热的地区，羊舍不必太高，一般从地面到天棚的高位为 2.5m 左右；对于气候炎热的地区可增高至 3m 左右；对于寒冷地区可适当降低到 2m 左右。羊数多时，羊舍可高些，以保证充足的空气，但过高则不利于保温，建筑费用也高。

5. 门、窗

羊舍的门应宽敞些，以免羊进出时发生拥挤。一般门宽 3m，高 2m 左右，寒冷地区的羊舍，为防止冷空气直接进入，可在大门外设套门，门上不应有尖锐的突出物，以免刺伤羊只。不设门槛和台阶，有斜坡即可。羊舍的窗户面积一般占舍地面积的 1/15 ~ 1/10，距地面在 1.5m 以上，以便防止贼风直接吹袭羊群，窗应向阳，保证舍内充足的光线，以利于羊的健康。

（二）羊舍建造的基本要求

1. 地面

地面的保暖和卫生条件很重要。羊舍地面要求平整干燥，易于除去粪便和更换垫土或垫料。舍内地面应高出运动场 15 ~ 30cm，舍内地面要呈 2% ~ 2.5% 的坡度，以利于排水。

羊舍地面有实地面和漏缝地面两种类型。地面又因建筑材料不同分为夯实黏土、三合土（石灰：碎石：黏土为 1 : 2 : 4）、混凝土、砖地、石地、水泥地、木质地面等。

土质地面柔软，富有弹性，易于保温，造价低廉，缺点是不够坚固，容易出现小坑，不便于清扫消毒，易形成潮湿的环境，干燥地区可采用。

三合土地面较黏土地面好。如果当地土质不好，地面可铺成三合土地面，如果当地土质太黏，渗水性差，地面可铺沙土或平铺立砖。

水泥地面属于硬地面，其优点是结实、不透水、便于清扫消毒，缺点是地面太硬，导热性强，保温性能差。为防止地面湿滑，可将表面做成麻面。

石地地面虽便于清扫和消毒，但地面太硬，不渗水，不保温。

砖地面和木质地面最佳，保温、吸水、结实。砖的空隙较多，导热性小，具有一定的保温性能，用砖砌地面时，砖宜立砌，不宜平铺。使用砖地面成本较高，适应寒冷地区。

一般来说，羊舍和运动场地面最好采用立砖平铺。饲料间、人工授精室、产羔室和饲养员值班室的地面可铺成水泥地面，以便消毒。

2. 墙

墙在羊舍保温方面起着重要的作用。可利用砖、石、水泥、钢筋、木材等修成坚固耐用的永久性羊舍，这样可以减少维修费用。选用建筑材料应就地取材，选用砖木结构和土木结构均可，但必须坚固耐用、保温性能好、易消毒。

墙基须有防潮处理，在墙基外面要有通畅的排水设施。

3. 屋顶和天棚

屋顶兼有防水、保温隔热、承重三种功能，正确处理三方面的关系对于保证羊舍环境的控制极为重要。其材料有陶瓦、石棉瓦、木板、塑料薄膜、金属板等。屋顶的种类繁多，在羊舍建筑中常采用双坡式，也可以根据羊舍实际情况和当地的气候条件采用半坡式、平顶式、联合式、钟楼式、半钟楼式等（图 1 - 2）。单坡式羊舍，跨度小，自然采光好，适用于小规模羊群和简易羊舍；双坡式羊舍，跨度大，保暖能力强，但自然采光、通风差，适于寒冷地区，也是最常用的一种类型。在寒冷地区还可选用平顶式、联合式等类型，在炎热地区可选用钟楼式和半钟楼式。

双坡式　　单坡式　　平顶式　　联合式　　半钟楼式　　钟楼式

图1－2　羊舍屋顶形状

在寒冷地区可加天棚，其上可贮存冬草，并能增强羊舍保温性能。

4. 运动场

运动场一般低于羊舍地面，以沙质壤土为好，便于排水和保持干燥。运动场周围设围栏，公羊围栏高度为1.5m，母羊为1.2～1.3m，围栏门宽1.5～2.5m。

（三）羊舍的基本类型

由于各地的气候条件不同，羊舍的类型也有很大差异，各地在建羊舍时应根据当地自然条件、饲养品种、方式、规模大小和经济情况而定。

1. 封闭式羊舍

有严密的屋顶外围护结构，羊舍四面均有墙壁与外界隔开，墙壁上开有门窗。冬季可将门窗关闭保暖，夏季可将门窗打开通风降温，封闭式羊舍的保温性能好，因此，主要分布在季节间气候变化较大的农区及山区，一般是在北温带和寒带气候区域。封闭式羊舍的建造成本要比同样规模的其他形式的羊舍要高。

我国的规模羊场普遍采用的羊舍形式多为长方形。长方形房屋式羊舍一般都属于有窗封闭式羊舍，羊舍四周墙壁封闭严密，墙壁采用砖、石、土坯结构筑成，保温性能好。屋顶多为双坡式，跨度大。门一般设在南墙，多为双扇门；南墙和北墙都设有窗，南侧墙留窗数量多，面积大。羊舍长度和面积可根据羊群大小、每只羊应占面积及利用方式而适当加长或缩短（图1－3）。

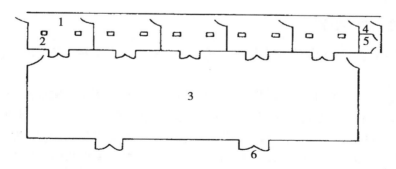

1. 羊舍；2. 通气孔；3. 运动场；4. 工作室；5. 饲料间；6. 舍门

图1－3　封闭式长方形羊舍

2. 棚式羊舍

棚式羊舍上有舍顶，四面均用立柱（砖垒柱、水泥混凝土柱或钢柱）支撑。棚式羊舍的舍内小环境受外界环境变化的影响较大，适宜于长江以南的亚热带和热带地区采用的羊舍，不适宜于冬春寒冷季节养羊。

棚式羊舍的建筑结构有多种类型。棚式羊舍有木柱草木平顶式、水泥钢筋混凝土柱平拱式、钢柱彩钢瓦双坡式等结构。

3. 棚、舍结合羊舍

这种羊舍大致分为两种类型。一种是利用原有羊舍的一侧墙体，修成三面有墙，前面敞开的羊棚，羊平时在棚内过夜，冬、春进入羊舍；另一种是三面有墙，向阳避风面为1.0～1.2m的矮墙，矮墙上部敞开，外面为运动场的羊棚，平时羊在运动场过夜，冬春进入棚内，这种棚舍适用于冬春天气较暖的地区。

4. 楼式羊舍

楼式羊舍又称高架羊舍。适于长江以南的多雨地区舍饲羊用。这种羊舍通风良好，防热、防潮性能较好，楼板多以木条、竹片敷设，间隙1～1.5cm，离地面1.5～2.5m。夏、秋季节气候炎热、多雨、潮湿，羊可住楼上，且通风好、凉爽、干燥，冬春冷季，楼下经过清理即可住羊，楼上可贮存饲草（图1-4）。

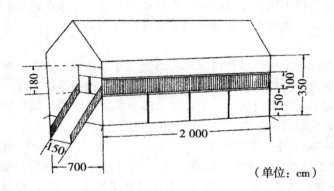

（单位：cm）

图1-4 楼式羊舍

四、肉羊舍饲饲养设施

养羊的常用设备主要包括草架、饲槽、饮水槽、栅栏、堆草圈、药浴池、青贮壕等。

（一）草架

羊爱清洁、喜吃干净饲草，利用草架喂羊，可避免羊践踏饲草，减少浪费，还可减少感染寄生虫的机会。草架的形式多种多样，有靠墙固定单面草架和"⌣"型两面联合草架，还有的地区利用石块砌槽、水泥勾缝、钢筋作隔栅，修成草料双用槽架。草架设置长度，成年羊按每只30～50cm，羔羊每只20～30cm，草架隔栅间距以羊头能伸入栅内采食为宜，一般宽15～20cm。

1. 简易草架

用砖或石头砌成一堵墙，或直接利用羊舍墙，将数根1.5m以上长的木棍或木条下端埋入墙根，上端向外斜25°，各木条或木棍的间隙应按羊体大小而定，一般以能使羊头部进出较易为宜，并将各竖立的木棍上端固定在一横棍上，横棍的两端分别固定在墙上即可

（图 1-5）。

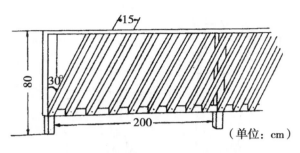

图 1-5 简易草架

2. 木制活动草架

先制作一个长方形立体框，再用 1.5m 高的木条制成间隔 15～20cm 的"U"形装草架，将装草架固定在立体框之间即可（图 1-6）。

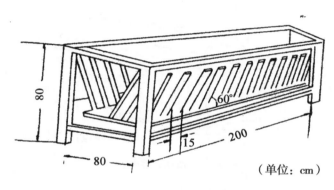

图 1-6 木制活动草架

一般木制草架成本低，容易移动，在放牧或半放牧饲养条件下比较实用。舍饲条件下在运动场内用砖块砌槽，水泥勾缝，钢筋作隔栅，做成饲料饲草两用饲槽，使用效果更好。建造尺寸可根据羊群规模设计。

（二）饲槽

为了节省饲料，讲究卫生，要给羊设饲槽。可用砖、石头、土坯、水泥等砌成固定饲槽，也可用木板钉成活动饲槽。

1. 固定式饲槽

用砖、石头、水泥等砌成（图 1-7）。饲槽大小一般要求为：槽体高 23～25cm，槽内宽 23～25cm，深 14～15cm，槽壁应用水泥抹光。槽长依据羊只数而定，一般可按每只大羊 30cm、每只羔羊 20cm 计算。为了让每只羊都能够均匀地吃到应采食的饲草料并便于管理，一般在饲槽上设隔栏分隔，宽度为 20～30cm。

2. 活动式饲槽

用厚木板或铁皮制成长 1.5～2m，上宽 30～35cm，下宽 25～30cm 的饲槽（图 1-8 和图 1-9）。其优点是使用方便、制造简单。

（三）水槽

饮水槽多为固定式砖水泥结构，长度一般为 1.0～2.0m，也可安装自动饮水器，这样能够节约用水，并且可在水箱内安装电热水器，使羊在冬天能喝上温水。

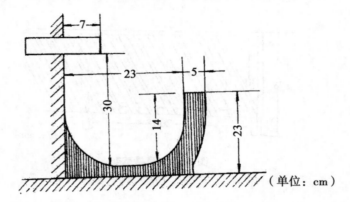

（单位：cm）

图1-7　固定式水泥槽侧面示意图

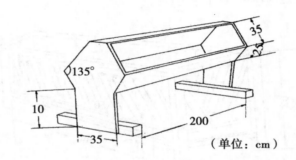

（单位：cm）

图1-8　活动式轻便料槽

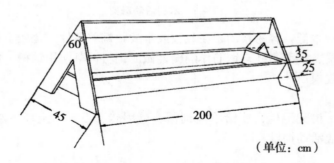

（单位：cm）

图1-9　活动式三角架料槽

（四）栅栏

1. 母仔栏

将两块栅栏板用铰链连接而成，每块高1m，长1.2～1.5m，将此活动木栏在羊舍角隅成直角展开，并将其固定在羊舍墙壁上，可围成1.2～1.5m² 的母仔栏（图1-10）。目的是使产羔母羊及羔羊有一个安静又不受其他羊只干扰的环境，便于母羊补料和羔羊哺乳，有利于产后母羊和羔羊的护理。

2. 羔羊补饲栅

可用多个栅栏、栅板或网栏在羊舍或补饲场靠墙围成足够面积的围栏，并在栏间插入一个大羊不能进而羔羊自由进出采食的栅门即可。

3. 分羊栏

分羊栏供羊分群、鉴定、防疫、驱虫、测重、打号等生产技术性活动中用。分羊栏由许多栅板连结而成。在羊群的入口处为喇叭形，中部为一小通道，可容许羊单行前进。沿通道一侧或两侧，可根据需要设置 3～4 个可以向两边开门的小圈，利用这一设备，就可以把羊群分成所需要的若干小群。

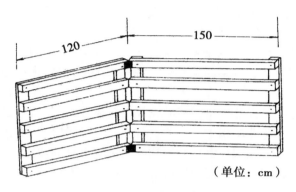

（单位：cm）

图 1－10　活动母仔栏

（五）青贮窖

青贮料是绵羊、山羊的良好饲料，可以和其他饲草搭配，提高羊的采食量。为了制作青贮饲料，应在羊舍附近修建青贮窖。

青贮窖或壕一般为长方形，窖底及窖壁用砖、石、水泥砌成。为防止窖壁倒塌，青贮窖应建成倒梯形。青贮窖的一般尺寸，人工操作时深 3～4m，宽 2.5～3.5m，长度饲喂需要量确定，大小以 2～3d 能将青贮原料装填完毕为原则。青贮窖应选择地势干燥的地方修建，在离青贮窖周围 50cm 处，应挖排水沟，防止污水流入壕中。

五、羊场环境保护

羊场在为市场提供优质羊产品的同时，也要产生大量的粪、尿、污水、废弃物和有害气体。其中固体废弃物量较大，是羊场环境保护工作的重点和关键。对于养羊的排泄物及废弃物，如果控制与处理不当，将造成对环境及产品的污染。为此在建设羊场时，要进行羊场的绿化，要注意污物处理设施的建设，同时要做好长期的环境保护工作。

（一）羊场的合理绿化

场界周边可设置林带。在场界周边种植乔木和灌木混合林带，特别是在场界的北、西两侧，应加宽这种混合林带（宽 10m 以上），以起到防风阻沙的作用。

场区内绿化主要采取办公区绿化、道路绿化和羊舍周围绿化等几种方式。场区隔离林带，用于分隔场内各区。办公区绿化主要种植一些花卉和观赏树木；场内外道路两旁的绿化，一般种植 1～2 行，而且要妥善定位，在靠近建筑物的采光地段，不应种植枝叶过密、过于高大的树种，以免影响羊舍的自然采光，道路绿化，主要种植一些高大的乔木，如梧桐、白杨等，而且要妥善定位，尽量减少遮光；羊舍周围绿化，主要种植一些灌木和乔木；运动场遮阴林，在运动场南侧及西侧，设1~2行遮阴林，起到夏季遮阴的作用。

运动场及圈舍周围种植爬藤植物，可以营建绿色保护屏障。地锦（又名爬山虎）属多年生落叶藤木植物，从夏季防暑降温的角度考虑，可以在运动场及圈舍周围种植该种植物。为了防止羊只啃食，可以在早春季节先种植于花盆，然后移至运动场及圈舍围墙上。

一般要求养羊场场区的绿化率（含草坪）要达到40%以上。

（二）羊粪的合理利用

1. 农牧结合与粪肥还田

对于羊场产生的羊粪、污水等废弃物，要按照减量化、资源化和无害化的原则进行处理，经发酵后作为有机肥供给种植业生产。

羊粪尿主要成分易于在环境中分解。经土壤、水和大气等物理、化学过程及生物分解，稀释和扩散，逐渐得到净化，并通过微生物、植物的同化和异化作用，又重新形成植物体成分。

实行羊粪还田，是一种良性生态循环的农牧结合模式，是生态农业的发展方向。具体模式是种草养畜，草畜配套，养羊积肥，以羊促草。这种发展模式，减少了规模养羊的环境污染，粪便通过发酵利用，可以减少寄生虫卵和病原菌对人畜的危害，还可以减少粪便中杂草籽对种植业的不良影响，实现了良好的经济效益和社会生态效益。

2. 制作有机肥

对于一些生产水平较高的示范性羊场，可以采用简易的设备建立复合有机肥加工生产线，使得羊粪经过不同程度的处理，有机质分解、腐化，生产出高效有机肥等产品。对于一般的羊场，可以采用堆肥技术，使羊粪经过堆腐发酵，其中的微生物对一些有机成分进行分解，杀灭病原微生物及寄生虫卵，也可以减少有害气体产生。

（三）废气处理

羊场的废气一是来源于羊场圈舍内外和粪堆、粪场周围的空间，粪污中的有机物经微生物分解产生的恶臭以及有害气体；另一来源是羊舍排放的污浊气体。羊场废气的恶臭除直接或间接危害人畜健康外，还会使羊的生产力降低，使羊场周围生态环境恶化。

在管理上采用及时清粪并保持粪便干燥，以减少其产生量。利用自然通风防止恶臭气体集聚于舍内，使其浓度降低，达到有关规定要求。

对于场内羊粪的处理，建立封闭式粪便处理设施是必要的，这样可以减少有害气体的产生及有害气体的逸散。附设有加工有机肥厂的羊场，发酵处理间的粪便加工过程中形成的恶臭气体可以集中在排气口处进行脱臭处理，处理的技术包括化学溶解法、电场净化法和等离子体分解法三种。

（四）病死羊的处理

兽医室和病羊隔离舍应设在羊场的下风头，距羊舍100m以上，防止疾病传播。在隔离舍附近应设置掩埋病羊尸体的深坑（井），对死羊要及时进行无害化处理。对场地、人员、用具应选用适当的消毒药及消毒方法进行消毒。

病羊和健康羊分开喂养，派专人管理，对病羊所停留的场所、污染的环境和用具都要进行消毒。

当局部草地被病羊的排泄物、分泌物或尸体污染后，可以选用含有效氯2.5%的漂白粉溶液、40%的甲醛、10%的氢氧化钠等消毒液喷洒消毒。

对于病死羊只应作深埋、焚化等无害化处理，防止病原微生物传播。

第三节　各类型羊的饲养技术

一、种公羊饲养技术

（一）种公羊的营养需要特点

公羊质量的好坏直接影响到羊群的生产水平。种公羊的营养需要一般应维持在较高的水平，以保持常年健壮，精力充沛，维持中等以上的膘情。配种季节前后，加强营养，保持上等体况，使其性欲旺盛，配种能力强，精液品质好，充分发挥种公羊的作用。种公羊精液中含高质量的蛋白质，绝大部分必须直接来自于饲料，因此种公羊日粮中应有足量的优质蛋白质。另外，还要注意脂肪及维生素 A、维生素 E 及钙、磷等矿物质的补充，它们与精子的活力和精液品质有关。在满足种公羊营养的同时，还应加强运动，限制采精次数（每天最多 2 次，每周 8～10 次），保证种公羊的体况良好。种公羊在秋冬季节性欲比较旺盛，精液品质好；春夏季节种公羊性欲减弱，食欲逐渐增强，这个阶段应有意识地加强种公羊的饲养，使其体况恢复，精力充沛。夏季天气炎热，影响采食量，8 月下旬日照变短，性欲旺盛，若营养不良，则很难完成秋季配种任务。配种期种公羊性欲强烈，食欲下降，很难补充身体消耗，只有尽早加强饲养，才能保证配种季节种公羊的性欲旺盛，精液品质良好，圆满地完成配种任务。

对种公羊所喂的草料，要求营养价值高、品质好、容易消化、适口性好。理想的粗饲料有优质青干草、苜蓿、黑麦草、羊草、三叶草等。理想的精饲料有玉米、高粱、大麦、燕麦、豌豆、黑豆、豆饼、花生饼等。黄米、小米能提高精液品质，在配种时期可适当补喂，但喂量太大（占精料的 50% 以上），易使公羊太肥。理想的多汁饲料有胡萝卜、甜菜、马铃薯、莞根及青贮等。种公羊的草料应因地制宜、就地取材，力求多样化、互相搭配、合理使用。

（二）种公羊的饲养要点

根据种公羊的生理特点，饲养阶段分为配种期和非配种期两个阶段。

1. 非配种期的饲养

种公羊在非配种期的饲养以恢复和保持其良好的种用体况为目的。配种结束后，种公羊的体况都有不同程度的下降，为使体况很快恢复，在配种刚结束的 1～2 个月，种公羊的日粮应与配种期基本一致，但对日粮的组成可作适当调整，加大优质青干草或青绿多汁饲料的比例，并根据体况的恢复情况，逐渐转为饲喂非配种期的日粮。在我国大部分绵羊、山羊品种的繁殖季节很明显，大多集中在 9～12 月（秋季），非配种期较长。在冬季，种公羊的饲养要保持较高的营养水平，既有利于体况恢复，又能保证其安全越冬度春。做到精粗料合理搭配、补喂适量青绿多汁饲料（或青贮料），在精料中应按标准添加矿物质和微量元素，混合精料的用量不低于 0.5kg，优质干草 2～3kg。

2. 配种期的饲养

种公羊在配种期内要消耗大量的养分和体力，因配种任务或采精次数不同，个体之间对营养的需要量相差很大。一般对于体重在 80～90kg 的种公羊每日饲料定额如下：混合精料 1.2～1.4kg，苜蓿干草或野干草 2kg，胡萝卜 0.5～1.5kg，食盐 15～20g，骨粉 5～10g，鱼粉或血粉 5g。分 2～3 次给草料，饮水 3～4 次，每日运动时间约 6h，对于配种任务繁重的优秀种公羊，每天应补饲 1.5～2.0kg 的混合精料，并在日粮中增加部分动物性蛋白质饲料（如蚕蛹粉、鱼粉、血粉、肉骨粉、鸡蛋等），以保持其良好的精液品质，配种期种公羊的饲养管理要做到认真、细致，要经常观察羊的采食、饮水、运动及粪、尿排泄等情况，同时也要保持饲料、饮水的清洁卫生。如有剩料应及时清除，减少饲料的污染和浪费，青草或干草要放入草架饲喂。

在配种前 1.5～2 个月，逐渐调整种公羊的日粮，增加混合精料的比例，同时，进行采精训练和精液品质检查。开始时每周采精检查 1 次，以后增至每周 2 次，并根据种公羊的体况和精液品质来调节日粮或增加运动。对精液稀薄的种公羊，应增加日粮中蛋白质饲料的比例，当精子活力差时，应加强种公羊的运动。种公羊的采精次数要根据羊的年龄、体况和种用价值来确定，对 1.5 岁左右的种公羊每天采精 1～2 次为宜，不要连续采精，成年公羊每天可采精 3～4 次，有时可达 5～6 次，每次采精应有 1～2h 的间隔时间。特殊情况下（种公羊少而发情母羊多），成年公羊可连续采精 2～3 次。采精较频繁时，也应保证种公羊每周有 1～2 天的休息时间，以免因过度消耗养分和体力而造成体况明显下降。

在我国大部分农区，羊的繁殖季节有的可表现为春秋两季，有的可全年发情配种，因此，对种公羊全年均衡饲养较为重要。舍饲饲养的种公羊每天应喂给混合精料 1.2～1.5kg，青干草 2kg 左右，并注意矿物质和维生素的补充。

二、母羊的饲养技术

（一）母羊的营养需要特点

母羊根据生理状态一般可分为空怀期、妊娠期和泌乳期。空怀期母羊所需的营养最少，不增重只需要维持营养。妊娠期的前 3 个月由于胎儿的生长发育较慢，需要的营养物质稍多于空怀期。妊娠期后 2 个月，由于身体内分泌机能发生变化，胎儿的生长发育加快，羔羊初生重的 80%～90% 都是在母羊妊娠后期增加的，因此，营养需要也随之增加。泌乳期要为羔羊提供母奶，以满足哺乳期羔羊生长发育的营养需要，要在维持营养需要的基础上根据产奶量高低和产羔数多少给母羊增加一定量的营养物质，保证羔羊正常的生长发育。

（二）母羊的饲养要点

母羊是羊群发展的基础。母羊数量多，个体差异大，为保证母羊正常发情、受胎，实现多胎、多产，羔羊全活、全壮，母羊的饲养不仅要从群体营养状况来合理调整日粮，对少数体况较差的母羊，应单独组群饲养。对妊娠母羊和带仔母羊，要着重搞好妊娠后期和哺乳前期的饲养和管理。舍饲母羊饲粮中饲草和精料比以 7:3 为宜，以防止过肥。体况好的母羊，在空怀期，只给一般质量的青干草，保持体况，钙的摄食量应适当限制，不宜采食钙含量过高的饲料，以免诱发产褥热。如以青贮玉米作为基础日粮，则 60kg 体重的母羊给以 3～4kg 青贮玉米，采食过多会造成母羊过肥。妊娠前期可在空怀期的基础上增加少量的精料，每只每天的精料喂量为 0.4kg；妊娠后期至泌乳期每只每天的精料喂量约为 0.6kg，精料中的蛋白质水平一般为 15%～18%。

1. 怀孕期母羊的饲养管理要点

（1）怀孕前期 母羊在怀孕期的前 3 个月内胎儿发育较慢，所需养分不太多，要求母羊保持良好的膘度。

（2）怀孕后期 母羊在怀孕后期的 2 个月中，胎儿生长很快。羔羊 90% 的初生重在此期间完成生长。因此，如母羊在此期间养分供应不足，就会产生一系列不良后果。在母羊怀孕后期必须加强补饲，还要注意蛋白质、钙、磷的补充。能量水平不宜过高，不要把母羊养得过肥，以免对胎儿造成不良影响。要注意保胎，防止拥挤、滑跌，羊舍要保持温暖、干燥、通风良好。

（3）产前、产后母羊的饲养管理要点 产前、产后是母羊生产的关键时期，应给予优质干草舍饲，多喂些优质、易消化的多汁饲料，保持充足饮水。产前 3~5 天，对接羔棚舍、运动场、饲草架、饲槽、分娩栏要及时修理和清扫，并进行消毒。母羊进入产房后，圈舍要保持干燥，光线充足，能挡风御寒。保证羔羊吃到充足初乳。产后母羊应注意保暖，防潮，预防感冒。产后 1h 左右应给母羊饮温水，第一次饮水不宜过多，切忌让产后母羊喝冷水。

2. 泌乳母羊的饲养管理

母羊在产后的泌乳量逐渐增加，在产后 4~6 周达到高峰，14~16 周又开始下降。在泌乳前期，母羊通过迅速利用体贮来维持产乳，对能量和蛋白质的需要很高。此时是羔羊生长最快的时期，羔羊生后两周也是次级毛囊继续发育的重要时期，在饲养管理上要设法提高产乳量。母羊在产后 4~6 周应增加精料补饲量，多喂多汁饲料。

在泌乳后期的 2 个月中，母羊的泌乳能力逐渐下降，即使增加补饲量也难以达到泌乳前期的产乳量，羔羊在此时已开始采食青草和饲料，对母乳的依赖程度减小。从 3 月龄起，母乳只能满足羔羊营养的 5%~10%，因此，需进行羔羊早期断奶，在羔羊断奶的前 1 周，要减少母羊的多汁料、青贮料和精料喂量，以防发生乳房炎。

三、育成羊的饲养技术

（一）育成羊的生长发育特点

1. 生长发育速度快

育成羊全身各系统均处于旺盛生长发育阶段，与骨骼生长发育密切的部位仍然继续增长，如体高、体长、胸宽、胸深增长迅速，头、腿、骨骼、肌肉发育也很快，体型发生明显的变化。

2. 瘤胃的发育更为迅速

6 月龄的育成羊，瘤胃迅速发育，容积增大，占胃总容积的 75% 以上，接近成年羊的容积比。

3. 生殖器官的变化

一般育成母羊 6 月龄以后即可表现正常的发情，卵巢上出现成熟卵泡，达到性成熟，育成公羊具有产生正常精子的能力。8 月龄左右时接近体成熟，可以配种，育成羊开始配种的体重应达到成年母羊体重的 65%~70%。

（二）育成羊的饲养要点

育成羊的饲养是否合理，对体型结构和生长发育速度等起着决定性作用。饲养不当，可造成羊体过肥、过瘦或某一阶段生长发育受阻，出现腿长、体躯短、垂腹等不良体型。为了培育好育成羊，应注意以下几点：

1. 适当的精料营养水平

育成羊阶段仍需注意精料量，有优良豆科干草时，日粮中精料的粗蛋白质含量提高到15%或16%，混合精料中的能量水平占总日粮能量的70%左右为宜，每天喂混合精料以0.4kg为好，同时，还需要注意矿物质如钙、磷和食盐的补给。育成公羊由于生长发育比育成母羊快，所以，精料需要量多于育成母羊。

2. 合理的饲喂方法和饲养方式

饲料类型对育成羊的体型和生长发育影响很大，优良的干草、充足的运动是培育育成羊的关键。给育成羊饲喂大量优质的干草，不仅有利于促进消化器官的充分发育，而且培育的羊体格高大，乳房发育明显，产奶多。充足的阳光照射和得到充分的运动可使其体壮胸宽，心肺发达，食欲旺盛，采食多。只要有优质饲料，可以少给或不给精料，精料过多，运动不足，容易肥胖，早熟早衰，利用年限短。

3. 适时配种

一般育成母羊在满8~10月龄，体重达到40kg或达到成年体重的65%以上时配种。育成母羊不如成年母羊发情明显和规律，所以要加强发情鉴定，以免漏配。8月龄前的公羊一般不要采精或配种，须在12月龄以后，体重达60kg以上时再参加配种。

第四节　舍饲羊的日粮配制

羊的日粮是指羊在一昼夜所采食的各种饲料的总量。肉羊的配合日粮是根据各种肥育期羊的营养需要和原料的营养价值，选择若干饲料原料按一定比例配合而成的。日粮配合的是否合理直接影响肉羊的肥育效果和饲料报酬。

一、日粮配合的原则

（一）日粮要符合饲养标准，满足营养需要

饲养标准是在一定的生产条件下制定的，各地自然条件和羊的情况不同，羊的日粮配合应按不同生长发育阶段的营养需要为依据，结合生产实际不断加以完善。配合日粮时，首先应满足能量和蛋白质的需要，其他营养物质，如钙、磷、微量元素、维生素等的含量，应从添加富含这类营养物质的饲料中得到补充。

（二）日粮种类多样化

多种饲料种类相互搭配，可以弥补营养物质的不足，达到营养全价或基本全价。

（三）注意饲料的适口性

不同的饲料适口性不同，营养好而适口性差的饲料不能称为好饲料，配制日粮要适合羊的口味，对一些有异味、粗老、品质较差的饲草，或农作物秸秆要进行合理的加工处理和调制（如氨化处理等），并与精料拌匀后饲喂，效果较好。

（四）日粮要有适宜的容积

羊的采食有限，过多饲喂大容积饲料，难以满足羊对营养物质的需要。相反，日粮容积过小，即使羊的营养需要能够得到满足，但由于羊的瘤胃充盈度不够，羊也难免有饥饿感，因此，日粮要进行合理搭配，才能既满足羊的营养需要，又能使羊具有饱腹感，避免造成饲料的浪费。

（五）因地制宜，就地取材

要根据当地条件，选择营养丰富、价格便宜的饲料，充分利用当地资源，尽量降低饲料成本，提高肉羊生产的经济效益。

（六）日粮组成保持相对稳定

当羊日粮发生变化时，应逐渐过渡（过渡期一般为 7～10d），使瘤胃有一个适应过程，否则，日粮突然变化，瘤胃微生物不适应，会影响消化功能，严重者将导致消化道疾病。

二、饲料配制方法和步骤

日粮配方设计主要有试差法、百分比法、联立方程法、计算机求解法等。其中，试差法是手工配方设计最常用的方法。

试差法是将各种饲料原料，根据专业知识和经验，确定一个大概比例，然后计算其营养价值并与羊的饲养标准相对照，若某种营养指标不足或者过量时，应调整饲料配比，反复多次，直至所有营养指标都满足要求时为止。

首先，确定羊的营养需要量；其次，应先满足粗料的喂量，即选择一种主要的粗料，一般粗料为采食干物质量的60%，育肥时可为40%～50%；第三步，确定精料补充料的种类和数量，一般是用混合精料来满足能量和蛋白质需要量的不足部分；最后，用矿物质补充料来平衡日粮中钙、磷等矿物质元素的需要量。

具体配制方法举例如下。

例1：为平均体重为25kg的内蒙古细毛羊育肥羔羊（日增重180g）设计一饲料配方。

第一步：查营养标准（内蒙古细毛羊育肥羔羊饲养标准）给出羊每天的养分需要量，该羊群平均每天每只需干物质1.2kg，消化能14.64MJ，可消化粗蛋白质为100g，钙2g，磷1g，食盐5g。

第二步：查羊常用饲料成分及营养价值表，列出供选饲料的养分含量（表1-2）。

表1-2 供选饲料养分含量

饲料名称	干物质（%）	消化能（MJ/kg）	可消化粗蛋白（g/kg）	钙（g）	磷（g）
玉米秸	90	8.61	21	-	-
野干草	90.6	8.32	53	0.54	0.09
玉米	88.4	15.38	65	0.04	0.21
小麦麸	88.6	11.08	108	0.18	0.78
棉籽饼	92.2	13.71	267	0.31	0.64
豆饼	90.6	15.93	366	0.32	0.50

第三步：按羊只体重计算粗饲料采食量。一般羊粗饲料干物质采食量为体重的2%～3%，我们选择2.5%，则25kg体重的羊需粗饲料干物质为25×2.5%＝0.625kg，根据实际考虑，确定玉米秸和野干草的比例为2∶1，则需玉米秸0.42÷0.9＝0.47kg，野干草0.21÷0.906＝0.23kg，由此计算出粗饲料提供的养分量（表1-3）。

表 1-3　粗饲料提供的养分量

粗饲料	干物质（kg）	消化能（MJ）	可消化粗蛋白（g）	钙（g）	磷（g）
玉米秸	0.42	4.05	9.87	—	—
野干草	0.21	1.91	12.19	0.12	0.02
粗饲料提供	0.63	5.96	22.06	0.12	0.02
需精料补充	0.57	8.68	77.94	1.88	0.98

第四步：草拟精料补充料配方。根据饲料资源、价格及实际经验，先初步拟定一个混合料配方，假设混合料配比为60%玉米、23%麸皮、5%豆饼、10.5%棉籽饼、0.877%食盐和0.877%尿素，将所需补充精料干物质0.57kg按上述比例配到各种精料中，再计算出精料补充料提供的养分（表1-4）。

表 1-4　草拟精料补充料提供的养分

原料	干物质（kg）	消化能（MJ）	可消化粗蛋白（g）	钙（g）	磷（g）
玉米秸	0.342	5.95	25.31	0.15	0.81
麦麸	0.131	1.58	15.98	0.27	1.15
棉籽饼	0.06	0.89	17.4	0.20	0.42
豆饼	0.029	0.51	11.69	0.10	0.16
食盐	0.005	0.0	0.0	0.0	0.0
尿素	0.005	0.0	14.0	0.0	0.0
总计	0.57	8.93	84.38	0.72	2.54

从表1-4可以看出，干物质已完全满足需要，消化能和可消化粗蛋白有不同程度的超标，且钙、磷不平衡。因此，日粮中应增加钙的量，减少能量和蛋白量，我们可以用石粉代替部分豆饼进行调整，调整后的配方见表1-5。

表 1-5　日粮组成及养分提供量

原料	干物质（kg）	消化能（MJ）	可消化粗蛋白（g）	钙（g）	磷（g）
玉米秸	0.42	4.05	9.87	—	—
野干草	0.21	1.91	12.19	0.12	0.02
玉米	0.342	5.95	25.31	0.15	0.81
麦麸	0.131	1.58	15.98	0.27	0.15
棉籽饼	0.06	0.89	17.4	0.20	0.42
豆饼	0.019	0.33	7.68	0.067	0.10
食盐	0.005	0.0	0.0	0.0	0.0

（续表）

原料	干物质（kg）	消化能（MJ）	可消化粗蛋白（g）	钙（g）	磷（g）
尿素	0.005	0.0	14.0	0.0	0.0
石粉	0.010	0.0	0.0	4.0	0.0
总计	1.2	14.71	102.43	4.81	2.5

从表1-5可以看出，本日粮已经完全满足该羊的干物质、能量及可消化粗蛋白的需要量，而钙、磷均超标，但日粮中的钙、磷之比为1.9：1，属正常范围（一般为1.5：1~2：1），故认为本日粮中的钙、磷的供应也符合要求。

在实际饲喂时，应将各种饲料的干物质喂量换算成饲喂状态时的喂量（干物质量÷饲喂状态时干物质含量）。

第五节　舍饲肉羊的日常管理技术

一、编号

为了便于科学地管理羊群，进行合理的选种、选配，需对羊只进行编号。编号方法有插耳标法、剪耳法、墨刺法、烙角法四种。

（一）插耳标法

耳标用铝片或塑料制成，有圆形、长方形两种。长方形耳标在多灌木的地区容易刮掉，圆形则比较牢固。戴耳标时，在羊耳中部用碘酒消毒后，用打孔钳穿孔，再将事先用钢字打号码的耳标穿过圆孔，固定在羊耳上。

耳标显示羊的个体号、品种符号及出生年份等：耳标号的第一个字码表示其出生年份（取出生年份的最末一个字）。其次是羊的个体号数，如9~18即指1999年生，18号羊。为区别性别，公羊可用单数，母羊用双数。有时为表明羊的品种在耳标背面加一个符号，如"XH"代表小尾寒羊等。

（二）剪耳法

在羊的左右两耳上剪出不同的缺刻代表其个体号码。左耳作个位数，右耳作十位数，左耳的上缘剪一缺刻代表3，下缘代表1，耳尖代表100，耳中间圆孔为400；右耳下缘一个缺刻为10，上缘为30，耳尖为200，耳中间的圆孔为800。

（三）墨刺法

是用特制的刺字钳和10个数字钉，把所需号码打在羊耳上边。刺号时先将拟编号码在刺字钳上排列好，耳内用碘酒消毒，然后蘸墨汁耳内毛少部分刺字。这种打法简便易行，但随着羊耳的长大，字体常常模糊，无法辨认。因此，在刺字以后，经过一段时间要进行检查，如不清楚，要重新刺字。

（四）烙角法

仅限于有角的公、母羊。用烧红的钢字，把号码烙在角上。这种方法可作为辅助编号，检查时较方便。

二、去势

对不做种用的公羊都应去势，以防乱交乱配。去势后的公羊性情温顺，管理方便，节省饲料，容易育肥，所产羊肉无膻味，且较细嫩。

去势时间一般在羔羊出生2周左右为宜，选择无风、晴暖的早晨。如遇天冷或羔羊体弱，可适当推迟。去势时间过早或过晚均不好，去势过早睾丸小，去势困难；去势过晚，流血过多，或产生早配现象。去势的方法主要有以下几种。

（一）结扎法

当公羔1周大时，将睾丸挤在阴囊里，用橡皮筋或细绳紧紧地结扎在阴囊的上部，断绝血液流通，经过15d左右，阴囊和睾丸干枯，便会自然脱落。

去势后最初几天，对伤口要常检查，如遇红肿发炎现象，要及时处理。同时要注意去势羔羊环境卫生，垫草要勤换，保持清洁干燥，防止伤口感染。

（二）去势钳法

用特制的去势钳，在阴囊上部用力紧夹，将精索夹断，睾丸则会逐渐萎缩。此法因不切伤口，无失血、感染的危险，但经验不足者，往往不能把精索夹断，达不到去势的目的，所以，此法在我国不常用。

（三）手术法

手术时常需两人配合，一人保定羊，使羊半蹲半仰，置于凳上或站立，另一人用3%石炭酸或碘酒消毒手术部位，然后手术者一只手捏住阴囊上方，以防睾丸缩回腹腔内，另一手用消毒过的手术刀在阴囊侧面下方切开一小口，约为阴囊长度的1/3，以能挤出睾丸为度。切开后，把睾丸连同精索拉出撕断。一侧的睾丸摘除后，再用同样方法摘除另一侧睾丸。也可把阴囊的纵隔切开，把另侧的睾丸挤过来摘除。这样则少开一个刀口，利于康复。睾丸摘除后，把阴囊的切口对齐，用消毒药水涂抹伤口，并撒上消炎粉。过1~2d进行检查，如阴囊收缩，则为正常；如阴囊肿胀发炎，可挤出其中的血水，再涂抹消毒药水和消炎粉。

（四）不完全去势法

此法是让公羊失去睾丸产生精子的机能而保留内分泌机能，适用于1~2月龄公羔。手术时，将羔羊保定成半蹲半仰姿势，术者用5%碘酒消毒阴囊外侧中间1/3处，用左手拇指、食指和中指挤捏阴囊，将睾丸握在手中，用消毒的手术刀纵向刺睾丸，深0.5~1.0cm，刀刺入后随手扭转90°~135°，通过刀口将睾丸的髓质部分用手慢慢地捏挤出来，而附睾、睾丸膜及部分间质还留在阴囊里。捏挤时，注意不要过分用力，防止阴囊内膜破裂。同时，固定睾丸和阴囊的左手指不可放松或移动，以免刀口各层组织的错动。睾丸头端的髓质要尽量挤出，否则，会影响去势效果，用同样方法实施另一侧手术。

不完全去势法的优点在于破坏了产生精子的机能，抑制了性行为，提高饲料同化效率，降低体内异化过程；另一方面，由于保存了间质部分，能直接或间接促进羔羊生长激素的分泌，起到促进生长的作用。

三、断尾

羔羊断尾时间以出生后1~2周为宜。断尾太迟，断尾处流血过多，容易感染，断尾可与去势同时进行，选择晴天无风的早晨进行。

断尾方法有以下几种。

（一）结扎法

用弹性较好的橡皮筋，套住尾巴的第 3～4 尾椎，紧紧勒住，断绝血液流通，过 10 天左右尾巴即自行脱落。

（二）快刀法

先用细绳捆紧尾根，断绝血液流通，然后用快刀离尾根 4～5cm 处切断，伤口用纱布、棉花包扎，以免引起感染或冻伤。当天下午将尾根部的细绳解开，使血液流通，一般经 7～10d 伤口即痊愈。

（三）热断法

热断法可用断尾铲或断尾钳进行。用断尾铲断尾时，首先要准备两块 20cm 见方的木板，一块木板的下方，挖两个半月形的缺口，木板的两面钉上铁皮；另一块仅两面钉上铁皮即可。操作时一人把羊保定好，两手分别握住羔羊的四肢，把羔羊的背贴在保定人的胸前，让羔羊蹲坐在木板上。操作者用带有半月形缺口的木板，在尾根第 3～4 尾椎间，把尾巴紧紧地压住，用灼热的断尾铲紧贴木块稍用力下压，切的速度不宜过急，否则会出血不止，断下尾巴后，若仍出血，可用热铲再烫一下即能止血，然后用碘酒消毒。

用断尾钳的方法与断尾铲基本相同。首先，用带有小孔的木板挡住羔羊的肛门、阴部或睾丸，使羔羊腹部向上，尾巴伸过断尾板的小孔，用烧红的断尾钳夹住断尾处，轻轻压挤并截断。

四、驱虫

羊的寄生虫病较常见，患病羊往往食欲降低、生长缓慢、消瘦、毛皮质量下降、抵抗力减弱、重者甚至死亡，给养羊业带来严重的经济损失。

为了防止体内寄生虫病的蔓延，每年春秋两季要进行驱虫。驱虫后 1～3d，要安置羊群在指定羊舍，防止寄生虫及其虫卵污染。3～4d 后即可转移到一般羊舍。

常用的驱虫药物有四咪唑、驱虫净、丙硫咪唑、阿维菌素及伊维菌素等。丙硫咪唑是一种广谱、低毒、高效的驱虫药，每千克体重的剂量为 15mg，对线虫、吸虫、涤虫等都有较好的治疗效果。

为防止寄生虫病的发生，平时应加强对羊群饲养管理。注意草料卫生，饮水清洁。同时用化学及生物学方法消灭中间宿主。多数寄生虫卵随粪便排出，故对粪便要发酵处理。

五、年龄判断

羊的年龄主要根据门齿来判断。小羊的牙齿叫乳齿，共 20 颗；成年羊的牙齿叫永久齿，共 32 颗。永久齿比乳齿大，颜色发黄。羊没有上门齿，只有下门齿 8 颗，臼齿 24 颗，分别长在上下四边牙床上。中间的一对门齿叫切齿，切齿两边的两个门齿叫内中间齿，内中间齿的外边两颗叫外中间齿，最外边一对门齿叫隅齿。羔羊的乳齿，一般一年后换成永久齿。

通过羊换牙可判断其年龄。一般说，1 岁不扎牙（不换牙），2 岁一对牙（切齿长出），3 岁两对牙（内中间齿长出），4 岁三对牙（外中间齿长出），5 岁齐口（隅齿长出），6 岁平（牙上部由尖变平），7 岁斜（齿龈凹陷，有的牙开始活动），8 岁歪（齿与齿之间有大的空隙），9 岁掉（牙齿有脱落现象）。

另外，还可以根据羊角轮判断年龄。角是角质增生而形成的，冬、春季营养不足时，角长得慢或不生长；青草期营养好，角长得快，因而会生出凹沟和角轮。每一个深角轮就是1岁的标志。

羊的年龄还可以从毛皮观察，一般青壮年羊，毛的油汗多，光泽度好；而老龄羊，皮松无弹性，毛焦燥。

六、捉羊、抱羊、导羊

（一）捉羊

羊的性情怯懦、胆小，不易被捉，为了避免捉羊时把毛拉掉或把腿拉伤，捕羊人应悄悄地走到羊背后，用两手迅速抓住羊的左右两胺窝的皮。

（二）抱羊

把羊捉住后，人站在羊的右侧，右手由羊前面两腿之间伸进托住胸部，左手抓住左侧后腿飞节，把羊抱起，再用胳膊由后外侧把羊抱紧。这样羊能紧贴人体，抱起来既省力，羊又不能乱动。

（三）导羊

导羊即引导羊前进的方法、导羊人站在羊的一侧，左手托住羊的颈下部，右手轻轻搔动羊的尾根，羊立即前进，按人的意图到达目的地。

七、肉羊的安全引种

（一）引种注意事项

1. 选择合适的引种季节

引种时，一般选在气候温和、饲料充足、羊只体况良好的秋季，通过几个月的饲养，基本适应了当地的条件。另外，在春末夏初也可引种，在这个阶段青草多，好饲养，适宜引进羔羊。

2. 选择纯种

引进种羊时，一定要在正规羊场引进，千万不能引进高代杂种羊，因为杂交二三代羊外貌特征与纯种羊很相似，经验不足者易混淆。

3. 引种羊的年龄结构要合理

年龄大的羊长期在原产地生活，适应当地条件，引进后不容易适应新的环境。年龄越小越容易引进，但不宜引进未断奶的羔羊，以免引进后患病死亡。引种羊的最佳年龄在8~12月龄。引进孕羊的妊娠期不要超过2个月。

4. 合理的羊群结构

在引种时不宜全部引进同一类型的羊，如全部是成年羊、青年羊或羔羊，应按合理的比例搭配。一般引种羊时，成年羊、青年羊和羔羊的比例为60∶20∶20。引进种公羊还必须检查它的精液品质。引种公母羊的比例一般为1∶20~30。

（二）种羊的运输

1. 运输前的准备

首先要做好引种羊的检疫工作。要求种羊健康无病，运输前最好作必要的免疫注射，并且有畜牧兽医部门的检疫证明。

启运前要根据运输距离长短备足草料及饮水设备，同时根据季节准备相应的物品。运输羊不应过分拥挤。上车前给羊喂 1 次草料（切忌喂量过多），饮足水，1h 后再装车。

2. 运输注意事项

长途运输过程中经常给羊饮水，多喂优质干草和适量的青绿多汁饲料，而精料喂量不能多。最好喂一些胡萝卜等根菜类饲料，这样既能充饥，又能解渴。喂饲料时要少量多次。高温远途运输时要选择夜间行车，这样气温低、外界干扰少，避免产生过多的应激反应。

运羊途中，要有人看护羊只，每隔 1h 检查 1 次，及时扶起挤倒的羊只，防止压死。羊只运到后，要小心卸车，将汽车倒至有高台处，打开后厢，搭成缓坡，然后驱赶羊只下车，赶入羊圈。让羊只饮些温水，休息几小时后便可按要求饲养。

（三）引种羊的管理

引进的羊只 2d 后身体就可恢复，采食逐步正常。饲养引种羊的圈舍应清洁、干燥、通风和气温良好，并单圈隔离饲养 2 个月，以防疾病传播。确无传染病时才可与其他羊混群饲养。对引种羊要妥善管理，精心饲养，尽量创造与引种地相同的环境条件，以缩短适应过程。

第二章　羔羊早期断奶及培育新技术

第一节　羔羊培育新技术——早期断奶的意义

一、羔羊培育的国内外研究进展

20 世纪 80 年代末到 90 年代初，世界养羊业发生了巨大变化，羊毛总产量迅速下降，羔羊肉产量逐年上升，羊产业转向以产肉为主，肉羊产业快速兴起，肥羔肉和优质小羊肉的生产成为肉羊业的发展趋势。肉羊的工厂化、集约化生产，客观上要求母羊快速繁殖，在多胎的基础上达到 1 年 2 产或 2 年 3 产，这就要求羔羊必须实施早期断奶。此外，由于一胎多产、母羊状况不良等原因，都将直接影响羔羊的成活、生长、发育和健康。为解决这一问题，起初都是用牛奶饲喂羔羊或用奶山羊来代哺。牛奶、山羊奶以及绵羊奶营养成分差别很大，用牛奶饲喂早期断奶羔羊不能满足其对营养物质的需求。因此，国内外学者对羔羊代乳粉进行了大量的研究。营养全面、易于吸收的羔羊代乳粉对促进现代羊肉的集约化生产具有重要的意义。

我国羔羊断奶多采用传统方式，即母乳喂养至 3 ~ 4 月龄断奶。这种方式延长了母羊配种周期、降低了繁殖利用率；因多胎或母羊产奶量不足，母乳不能满足羔羊快速生长发育的营养需要，从而影响羔羊的生长发育等。有人对犊牛研究表明，哺乳期犊牛液体饲料营养供应不足将会引起犊牛生长缓慢和采食量降低等。早期断奶可以克服这些缺点，在实际生产中采用早期断奶技术，具有重要的意义。

目前，国际上对羔羊早期断奶的时间，主要有两种方式：一是出生后 7 日龄断奶，使羔羊吃足母乳后即与母羊分开，哺喂代乳粉日粮，进行人工育养；二是在出生 6 ~ 7 周龄，当羔羊胃肠道容积和微生物菌群发育完全，接近至成年羊水平时断奶，断奶后直接放牧或饲喂植物性饲料。澳大利亚多数地区推行 6 ~ 10 周龄断奶，在干旱季节牧草枯萎时，羔羊在 4 周龄时就断奶；保加利亚在羔羊生后 25 ~ 30 日龄断奶；法国在羔羊活重比初生重大两倍时断奶；英国则认为羔羊活体重达 11 ~ 12kg 就可以断奶；而我国的羔羊断奶时间因品种、地区、饲养方式不同而有所差异。

我国羔羊断奶多采用传统方式，即哺食母乳至 3 ~ 4 月龄断奶。该体制主要存在以下缺点。

1. 羔羊和母羊同圈饲养，由于母羊产羔后，要哺乳仔羊，因此其体力无法得到恢复，延长了配种周期，降低了其繁殖利用率。

2. 母羊产羔后，2 ~ 4 周达泌乳高峰，3 周内泌乳量相当于全期总泌乳量的 75%，此后泌乳量明显下降，因此10日龄后母羊分泌的母乳营养成分已不能满足羔羊快速生长发育的营养需要，虽然此时已开始补饲，但由于采食饲料数量少，消化能力弱，补料所含营养物质占总量的份额较小，因此羔羊的发育受到影响，增重受到限制。

3. 羔羊的常规饲养法，哺乳期长，劳动强度大，而且培养成本高。

4. 常规法断奶，羔羊瘤胃和消化道发育迟缓，断奶过渡期长，影响了断奶后的育肥。

5. 常规法断奶难以正确掌握各种营养的需要量和摄取量，难以配制适合羔羊的开食料，因而使新的研究成果向实践转化将为早期断奶提供依据。

6. 常规断奶难以适应当前规模化、集约化经营的发展趋势，达不到全进全出的生产要求。而实施早期断奶则可克服这些缺点，它能运用现代科学的饲养知识来调配饲料，使羔羊的生长发育达到最佳状态。

总之，常规日龄的断奶方式，存在难以适应现代化、集约化、工厂化的管理；难以管理和控制断奶羔羊，不宜于对羔羊的营养调控；难以保证整个羔羊群体采食到适合自身生长水平的开食料，同时，又打乱了羔羊瘤胃及消化道各部内消化代谢的动态平衡。

对实施早期断奶的羔羊饲喂代乳粉不仅可以解决这些问题，而且可以促进羔羊的生长发育和提高成活率。因此，研究羔羊早期断奶技术、给羔羊配制营养全面且易于吸收的羔羊代乳粉对促进现代羊肉的集约化生产具有重要的意义。

二、羔羊早期断奶的必要性

羔羊早期断奶在实际应用中有以下益处。

1. 大大缩短了羊的繁殖周期，减少母羊空怀时间。羔羊早期断奶，用代乳料进行后期培育或用优质开食料进行强度育肥。此时，母羊可以减少体内消耗，迅速恢复体力，为下一轮配种作好准备。该法可大大提高母羊的利用率。如：滩羊的一年一产，实施早期断奶后，可提高到两年三茬羔；而小尾寒羊的两年三产则可提高到一年两产。

2. 可缩短生产周期。羔羊早期断奶后，都要进行强度育肥。一般是当年育肥当年屠宰，有的4～5月龄就可屠宰，而放牧的羊群生产一只羯羊需2～3年，有的甚至4～5年。比起放牧羊群的常规管理饲养，实施早期断奶后，可使育肥生产周期缩短1～2年，进而加快了畜群的周转。

3. 哺乳期缩短，减轻了劳动强度，降低了培育成本。目前，在国内普遍存在着羔羊哺乳期长，培育成本高等问题，而羔羊早期断奶不仅有利于奶山羊和乳肉兼用母羊的培育，而且为公羔的肥育利用开拓了新途径，解决了公羔肥育成本高的一个关键性问题。

4. 便于组织生产。在工厂化的养殖过程中，大多采用冷冻精液、胚胎移植、同期发情等高科技的繁殖新技术，使得母羊产羔整齐，且产羔期相对较短，同时联合早期断奶技术，更有利于现代集约化生产的组织。

5. 羔羊早期断奶，使羔羊较早的采食了开食料等植物性饲料，能够促进羔羊消化器官，特别是瘤胃的发育，促进了羔羊提早采食饲草料的能力，提高了羔羊在后期培育中的采食量和粗饲料的利用率，同时可以建立起羔羊瘤胃内消化代谢的动态平衡。

6. 早期断奶后，用代乳粉饲喂羔羊，不但可以大大缩短羊的繁殖周期，而且其营养全面，能满足羔羊的生长发育，还能降低常见病的发病率，从而提高羔羊成活率。

三、早期断奶对羔羊健康发育的作用

（一）早期断奶对消化系统发育的影响

幼畜无论断奶时间早晚，总会产生一定程度的应激，在相同的营养水平下，断奶日龄越早，所产生的应激越大。断奶应激使仔猪肠绒毛很快变短、隐窝加深、消化道酶活性受到抑制。蔡健森等人曾对前人工作进行了总结，有报道证实仔猪仔断奶24h后，绒毛高度缩短到断奶前的75%，并继续缩短直到断奶第5天，此时绒毛高度仅为断奶前的50%。形态学的变化将导致小肠绒毛刷状缘分泌的消化酶活性降低。有研究表明，断奶后小肠形态结构和功能的变化主要可能由于采食量的下降引起营养不良所致，采食量的增加可能对肠黏膜的生长和功能具有潜在的刺激作用，因为消化道是蛋白质合成的和代谢产热的最活跃部位，采食量的下降可缓减细胞生长速率和小肠性细胞的更新速度。

羊虽是反刍动物，但在刚出生时，消化系统没有很好发育，和单胃动物仔猪几乎相似，初生羔羊瘤胃缺乏微生物，出生后2日龄内皱胃黏膜内凝乳酶增加，6周龄时开始下降。羔羊早期发育所需营养全部来自母乳，当给羔羊断奶时，瘤胃、网胃、瓣胃发育缓慢，消化道酶活性受到抑制，对后期采食的植物性饲料消化率很低，但羔羊有很大的补偿生长和发育能力，可以在30日龄后迅速适应环境，增加对食物的消化和代谢能力。

（二）早期断奶对免疫系统发育的影响

许多重要的家畜包括牛、羊、猪和马，它们出生时血清和肠道分泌物中均不含免疫球蛋白。这些动物的免疫系统虽然也具备对致病性细菌和病毒做出反应的能力，但产生免疫反应所需要的时间太长，往往在产生足够的免疫保护之前，动物早已患病致死。为弥补这种不足，这些哺乳动物在进化过程中形成了特殊的保护机制，即母体可以通过初乳或乳将母体免疫球蛋白转移给新生仔畜。

近年来，我国的科研工作者借鉴对犊牛早期断奶的成果，开始了对羔羊的研究，并取得了一定成果。有人对波尔山羊羔采用了早期断奶，并进行补饲，他们的试验表明，早期补饲条件下，30日龄、60日龄和90日龄羔羊的体重和日增重较对照组分别提高了7.06%、9.40%、14.18%和18.31%、26.66%、26.71%。因此，对波尔山羊羔实施早期断奶补饲方案，在刺激羔羊瘤胃发育的同时，可充分利用瘤胃发育不完全，饲料利用率高的特点，明显提高羔羊体重和平均日增重。即使在60日龄实施早期断奶的强应激条件下，羔羊也能顺利完成这个过渡阶段，克服了因断奶可能出现的生长停滞现象。有人对滩羊实施早期断奶方案，结果表明，40日龄断奶，饲喂代乳料不影响其生长发育，而且增重与90日龄断奶的差异也不显著。刁其玉便是通过试验证实了对波尔山羊实施超早期断奶是可行的，羔羊可在出生后第10日龄断奶。有报道应用羔羊代乳粉对山羊羔羊从7日龄开始早期补饲，每只羔羊补饲150g代乳品，可以显著地提高羔羊哺乳期的生长速度，可增加羔羊断奶重1.28kg，并能有效抑制羔羊腹泻的发生，增强羔羊体质，提高羔羊成活率。王桂秋通过对不同断奶日龄羔羊生产性能、血清生化指标的分析研究，结果表明，羔羊在17日龄断奶效果较好。

第二节　羔羊代乳品的特点与配制

一、羔羊专用代乳品的特点

20 世纪 60 年代，欧美一些国家开始使用代乳粉，由于当时脱脂乳蛋白过剩，价格较低，因而在代乳料中几乎全部使用脱脂乳蛋白作蛋白源。到 20 世纪 80 年代，由于脱脂乳蛋白供不应求，价格持续上涨，研究者们又开始寻找新的廉价蛋白源，使代乳粉的蛋白来源发生了变化，相对于脱脂乳蛋白，比较廉价的酪蛋白和乳清蛋白成了代乳粉的主要蛋白源。随着研究的不断深入，大豆浓缩蛋白、大豆分离蛋白和改性大豆蛋白成为了代乳粉的主要蛋白源，这些大豆蛋白可以代替全奶饲喂羔羊，并获得与全奶一样的饲喂效果。

（一）羔羊代乳粉的营养成分

代乳粉要代替母乳并达到较好的生产性能，就必须在营养成分和免疫组分上接近母乳，在味觉上使羔羊可以接受，有助于减少羔羊的腹泻、增加羔羊对疾病的抵抗力和免疫力，同时还能增加羔羊的生存能力和提高日增重。据报道，山羊奶、绵羊奶、牛奶在构成上各有特点（表 2 - 1）。

表 2 - 1　山羊奶、绵羊奶、牛奶的主要成分比较

成分	山羊奶	绵羊奶	牛奶
脂肪（%）	3.80	7.62	3.67
乳糖（%）	4.08	3.70	4.78
蛋白（%）	2.90	6.21	3.23
酪蛋白（%）	2.47	5.16	2.63
钙（%）	0.194	0.160	0.184
磷（%）	0.270	0.145	0.235
V_A（IU/kg 脂肪）	39.00	25.00	21.00
V_{B1}（mg/100ml）	68.00	7.00	45.00
V_{B12}（mg/100ml）	210.00	36.00	159
V_C（mg/100ml）	20.00	43.00	2.00

可以看出绵羊奶的蛋白、脂肪、酪蛋白等含量高于山羊奶和牛奶；山羊奶的脂溶性维生素和维生素 C 含量高于绵羊奶和牛奶；三种奶的钙、磷含量比较接近。从营养成分组成上分析牛奶不如羊奶。已有报道，用牛奶饲喂早期断奶的羔羊，其生产性能不理想，因为羔羊进食同样数量的牛奶不能满足其对营养物质和其他未知因子的需求，所以，客观上要求用于山羊羔羊，绵羊羔羊和犊牛的代乳粉不能相同。国外企业多有针对性的生产出不同的专用代乳粉供不同的幼畜使用，以达到最佳的生产性能。

1. 代乳粉中的能量

代乳粉首先要求供给幼畜足够的能量，代乳粉能量的来源主要是碳水化合物和脂肪。最

好的碳水化合物来源是乳糖，岳喜新等（2011）用羔羊精准代乳品饲喂早期断奶羔羊，饲喂量分别为羔羊体重的1.0%、1.5%和2.0%（以干物质计），从出生到90d，平均日增重分别为174g、204g和237g。增加代乳粉中的脂肪含量目的在于提高能量水平，好的代乳粉脂肪含量应为10%~20%，脂肪含量高有利于减少幼畜的腹泻，并为幼畜的快速生长提供额外的能量。在冬天，脂肪对维持幼畜体温非常重要，建议冬天代乳粉脂肪含量可以达到20%以满足其需要。而夏天10%的脂肪就可以了，最好的脂肪来源也是动物性脂肪。另外，添加1%~2%的蛋黄素有利于幼畜对脂肪的消化和吸收。代乳粉干物质中脂肪水平在25%以上，加水稀释后，代乳液中干物质含量为16.6%，粗蛋白质为3.9%，粗脂肪3.8%，灰分12.5%，钙1.7%，磷1.2%。代乳粉最好的碳水化合物来源是乳糖，代乳粉中不能含有太多的淀粉（如小麦粉和燕麦粉），也不能含有太多的蔗糖（如甜菜）。由于幼畜没有足够的消化酶去分解和消化它们，所以，太多的淀粉和蔗糖会导致腹泻和失重，淀粉含量过高是造成3周龄以内的幼畜营养性腹泻的主要原因。

2. 代乳粉中的蛋白质

（1）蛋白质的来源　代乳粉中蛋白质的性质和比例是决定代乳粉饲喂效果和成本的关键因素。20世纪60~80年代，脱脂乳蛋白是代乳粉的主要的蛋白质来源。乳源蛋白消化率高、氨基酸平衡，基本不含抗营养因子，是推荐使用的代乳粉蛋白质原料。20世纪80年代中期以后，脱脂乳蛋白价格持续上涨，比较廉价的酪蛋白和乳清蛋白成为代乳粉的主要蛋白源。代乳粉中使用的乳源蛋白主要有脱脂乳蛋白、浓缩乳清蛋白（WPC）、脱脂奶粉（SSP）、乳清粉等。随着乳制品价格的不断上涨，乳源蛋白替代品又成为研究的热点。乳源性蛋白替代品主要包括两大类，即非乳动物蛋白和植物蛋白。

非乳动物蛋白主要包括血蛋白、鱼蛋白、鸡蛋蛋白、肉可溶物等。血蛋白是将健康动物的新鲜血液经抗凝处理，分离血浆后喷雾干燥。动物血浆蛋白含量高，溶解性好，且氨基酸比例平衡，应用在代乳粉中可提高幼畜的生产性能，然而，血浆蛋白成本较高，在代乳粉中应用相对较少。有人研究液体鸡蛋作为犊牛代乳粉可选蛋白源，结果表明，鸡蛋可以作为代乳品的一种替代蛋白源，而且不影响犊牛的生长发育，其适宜添加量为10%。非乳动物蛋白因受来源、成本、饲喂效果等的限制，也未被广泛的应用于实际生产中。目前，动物源性蛋白（乳制品除外）禁止用于反刍动物饲料中。

植物蛋白主要包括大豆蛋白、小麦蛋白、土豆蛋白、豌豆蛋白和菜豆蛋白。目前，最为广泛应用的植物蛋白是大豆蛋白。但是，大豆蛋白一方面含蛋白酶抑制因子和过敏源，羔羊采食后可造成肠绒毛萎缩、隐窝增生、严重时黏膜上皮脱落。有人将大豆去除抗原和抑制因子后作为代乳粉的蛋白来源饲喂犊牛，提高了干物质、粗蛋白质、粗脂肪的表观消化率，提高了羔羊的生产性能。另一方面，植物源蛋白质的氨基酸平衡不及奶源蛋白质，日粮易出现必需氨基酸缺乏，影响动物的生产性能。用大豆粗蛋白取代部分乳源蛋白的代乳粉饲喂羔羊，结果表明：大豆蛋白不超过羔羊总蛋白质摄入量的1/3时，对摄食量和增重无显著影响，但影响消化道黏膜的生长和发育。有人将大豆经过加热、干燥、喷雾等工艺处理作为主要原料，加入多种维生素、微量元素和氨基酸，并且添加有益微生物和抗体物质制成的配方代乳粉饲喂羔羊，结果表明，羔羊生长性能良好，并且降低了羔羊的发病率和死亡率。范志影以蛋白质来源不同的代乳粉饲喂羔羊，研究表明，乳源蛋白质代乳粉提高了羔羊肌肉脂肪含量，减少了水分含量，植物源蛋白代乳粉与母羊乳相比对羔羊肌肉中蛋白质、脂肪和水分含量无显著影响；代乳粉中蛋白质来源差异对羔羊肌肉氨基酸含量无显著影响；饲喂代乳粉对羔羊体脂肪中脂肪酸组成有显著影响；饲喂代乳粉对羔羊血清游离氨基酸总量和必需氨基酸总量影响不显著，但是氨基酸模式发生改变。蔡健森研究了母乳、乳源性蛋白和植物性蛋白代乳粉对早期断奶羔羊的生产性能、营养物质消化代谢、器官发育和血清生化指标的影响。结果表明，不同蛋白来源的代乳粉的营养效果相当，与自然哺乳的羔羊相比，对羔羊的生长发育无不良影响。由此可见，大豆蛋白经过合适的加工处理，以大豆蛋白为原料的代乳粉不会影响羔羊生长发育。值得注意的是随着羔羊日龄的增大，对大豆蛋白的消化吸收能力不断的增强。

随着饲料原料加工工艺的发展和动物营养生理的不断深入，蛋白含量高，氨基酸组成较为合理的大豆蛋白成为了现代配方代乳粉蛋白的主要来源。

（2）蛋白质水平　代乳粉的蛋白质的含量取决于代乳粉的饲喂量、能量含量及蛋白质的水平和来源。目前，羔羊代乳粉中蛋白质的含量尚无统一标准，主要借鉴犊牛的蛋白质水平。NRC（1989）建议代乳粉中粗蛋白质的含量不应低于22%（干物质计）。而当前代乳粉多使用非乳蛋白作为蛋白源，由于非乳蛋白质的消化率及氨基酸的利用率较低，所以，这类代乳粉中蛋白质含量往往高于仅含乳蛋白的代乳粉。有学者建议，代乳粉以植物性蛋白为代乳粉蛋白源时，其蛋白质含量应高于22%。但是，蛋白质水平过高会引起其他营养元素的不平衡，影响动物的生长发育。NRC（2001）指出蛋白质的摄入量不要超过由能量摄入量决定的目标增重所需的蛋白质数量。Tomkins等人用代谢能水平相同蛋白水平分别为14%、16%、18%、20%、22%和24%的日粮饲喂犊牛，结果表明，14%粗蛋白日粮不能提供其蛋白质需要，而24%粗蛋白日粮所表现的生产成绩却不如22%粗蛋白日粮组。

王桂秋用蛋白水平为25%、29%和33%的代乳粉饲喂20～25日龄的羔羊，研究不同蛋白质水平对其消化代谢的影响，结果表明，随着代乳粉蛋白质水平的提高，羔羊对干物质、粗蛋白质、脂肪、钙和磷的消化代谢率也随之递增，代乳粉中蛋白质水平在29%左右时，羔羊对营养物质的消化代谢最佳。

有试验表明，以蛋白质水平为26%、28%、30%和32%的代乳粉饲喂羔羊，平均日增重及体高、体长、胸围等体尺指标均以蛋白质含量最高的效果最好，但均低于饲喂羊奶的对照组。有试验研究22～25日龄羔羊对不同营养水平代乳粉消化性的特点，结果表明，高营养水平组（粗蛋白质28.1%、消化能17.6MJ/kg）比低营养水平组（粗蛋白质26.4%、消化能15.4MJ/kg）的粗脂肪消化率高，无氮浸出物消化率低。

早期断奶羔羊的蛋白质需要由于没有先行的饲养标准，一般参照NRC公布的母羊乳成分中的蛋白质含量为24.7%（以干物质计）。羔羊代乳粉要求供给羔羊足够的能量，因此，代乳粉中的能量与蛋白质比率应高于羊奶，这样才能有利于蛋白质的吸收。通常代乳粉中的蛋白质含量应在30%以上。

代乳粉中的蛋白质水平关系到其饲喂效果，蛋白质水平受很多因素的限制，比如蛋白质饲料的来源，氨基酸的平衡等，这些都需要开展系列的研究，方能收到理想的效果。

最初代乳粉的蛋白质来源主要是奶制品，如乳清蛋白浓缩物、乳清蛋白等。代乳粉中蛋白质是其成本的主要部分，并且蛋白质成本一直在增加，因此，研究者和商家开始研究和寻找一些替代蛋白，这些替代蛋白主要有大豆蛋白精提物、大豆分离蛋白、动物血浆蛋白或全血蛋白等。如果代乳粉的蛋白质来源是奶或奶制品，那么，要求蛋白质含量要在20%以上，如果含有植物性的蛋白质来源（如经过特殊处理的大豆蛋白粉），就要求蛋白质含量要高于22%。因为，一方面，植物蛋白质氨基酸平衡不如奶源蛋白质；另一方面，幼畜由于消化系统发育不完全，不能产生足够的蛋白质消化酶来消化这些植物蛋白质。

研究表明幼畜对于蛋白质的需要取决于能量的采食量。代乳粉中的能量与蛋白比率应高于自然的母乳，只有这样才能有利于蛋白质的吸收。蛋白质可以占到日粮干物质的28%。蛋白质营养价值依赖于蛋白质中必需氨基酸的消化和吸收速率。通常大豆蛋白中蛋氨酸被认为是幼畜第一限制性氨基酸，此外赖氨酸、苏氨酸的含量和消化率也比较低。以大豆蛋白为主要蛋白源的代乳粉的必需氨基酸含量比含有脱脂乳蛋白的代乳粉低17%～32%。这就要求额外补充氨基酸，以满足幼畜生长发育的需要。研究表明，在含有大豆蛋白的代乳粉中补充苏氨酸、蛋氨酸、赖氨酸，犊牛的平均日增重和氮的沉积都提高了。

二、羔羊代乳品的配制

随着饲料原料加工工艺和合成工艺的研究发展，代乳粉的配制发生了实质性的变化（NRC，2001）。传统的代乳粉主要采用一种或几种原料进行简单的混合，并且原料多为奶制品，如脱脂奶、乳蛋白浓缩物、脱乳糖和乳清粉等，这种代乳粉价格高昂而又不能保证效果。随着奶制品价格的上涨和加工工艺的发展，现代代乳粉是根据羔羊的营养需要和原料的特性而配制的，适合羔羊快速生长发育的配方代乳粉。配方代乳粉中的蛋白质一般分为全乳蛋白代乳粉和含替代蛋白的代乳粉。全乳蛋白代乳粉的蛋白源多采用含有乳清蛋白精的提取物、干乳清及无乳糖乳清粉等。含替代蛋白的代乳粉是指部分乳蛋白被其他低成本的成分所替代（典型值为替代50%），这些替代物包括大豆蛋白精提物、大豆分离蛋白、动物血浆蛋白或全血蛋白以及变性小麦面筋等。代乳粉中常使用的各种蛋白质来源的营养含量（表2-2）。

表2-2 代乳粉中常使用的各种蛋白质来源的营养含量

成分	乳清蛋白浓缩物	脱脂奶	大豆蛋白分离物	大豆蛋白浓缩物	大豆粉
	以风干物质为基础（%）				
干物质	98	98	94	95	95
蛋白质	34	34	86	67	53
	氨基酸含量（g/100g 蛋白质）				
赖氨酸	9.09	8.24	6.07	6.32	6.15
蛋氨酸	1.94	2.65	1.11	1.32	1.26
半胱氨酸	2.47	1.51	1.41	1.47	1.42

代乳粉原料的选择是一个关键问题，养殖户使用代乳粉的最终目的在于节省成本，代乳粉成本过高将难以被养殖户接受。为降低代乳粉的生产成本，多以大豆制品代替奶源蛋白质，大豆制品主要有3种，大豆粉、大豆蛋白精和大豆蛋白分离物。大豆粉成本最低，但含有纤维素及不溶性碳水化合物，大豆蛋白分离物的蛋白质含量高达85%～90%，但成本较高。将大豆粉中的可溶性碳水化合物除去后制成的大豆蛋白精，蛋白质含量和价格适中。以

大豆蛋白为蛋白源制成的代乳粉的不利因素是，代乳粉中含有胰蛋白酶抑制因子和过敏原，这两种因素均可影响动物对营养物质的消化率和动物生产性能。胰蛋白酶抑制因子，使得大豆蛋白不能在羔羊真胃中凝集，胰蛋白酶分泌减少，产生肠道过敏，降低氨基酸的消化率。将大豆进行湿热处理可以破坏它们的抑制作用。大豆球蛋白和β-结合球蛋白是大豆中蛋白质的主要存在方式，它们对羔羊也有致敏作用。大豆蛋白质中的抗原活性可以通过变性作用得到消除。用大豆蛋白精和脱脂奶粉为蛋白源的两种代乳粉进行对比试验，结果表明：在27周的两个试验中，平均日增重、代乳粉的摄取量及代乳粉转化率等指标均没有差别，血红蛋白的含量也相同；同样，胴体重、屠宰率、胴体肉型和胴体脂肪等也未见差异。

脂肪的添加方式可直接影响到代乳粉的使用效果。目前，较为理想的方法有两种：一是将脂肪和其他代乳粉原料成分进行均质处理，将脂肪强化加入代乳粉；二是将脂肪进行真空扩散或喷雾干燥加入代乳粉。

矿物质的添加主要采用有机矿物质和微量元素螯合盐等，以提供给羔羊生长发育足够的常量元素和微量元素。

羔羊出生后，体内消化酶系统发育不够完善，根据羔羊消化酶的分泌，利用人工合成的酶制剂，强化营养物质的消化和吸收是现代代乳粉和传统代乳粉的区别之一。传统代乳粉往往通过添加抗生素控制羔羊的腹泻，而目前采用的方法是，在代乳粉中提供益生菌和益生素，通过调整羔羊消化道中的微生态平衡，理顺有益微生物的繁衍，促进消化；同时，通过刺激羔羊本身的免疫系统，增强羔羊对疾病的抵抗能力。

第三节　羔羊代乳品在生产中的使用

一、代乳品的使用量及其影响

代乳品饲喂量直接关系到羔羊的生长发育和健康，适宜的代乳品饲喂水平能够促进羔羊的生长，改善饲料的转化效率等。近年来，科研工作者开展了对羔羊代乳粉的研究，主要侧重于应用效果、营养水平、蛋白质来源、断奶日龄等方面。在哺乳期羔羊的生理营养研究中，代乳粉的饲喂量直接影响羔羊生长发育、营养物质吸收以及生理生化反应。有专家做以下试验研究，用杂交 F_1 代羔羊为试验动物，分别饲喂 3 个饲喂量水平的代乳粉，旨在研究代乳粉饲喂量对哺乳期羔羊营养物质消化规律和血清生化指标的影响，为羔羊的营养需要和物质消化规律的建立提供科学依据。

（一）试验材料与方法

选用日龄、体重相近的陶赛特（♂）×小尾寒羊（♀）杂交一代新生羔羊 27 只，随机分成 3 组（每组 9 只），每组公母比例为 5∶4，分别给予 3 个饲喂水平的羔羊代乳粉，即饲喂水平分别为羔羊体重的 1.0%、1.5% 和 2.0%（以干物质计），分别记为低（L）、中（M）和高（H）组，每 10 天调整 1 次。代乳粉主要由大豆蛋白粉、乳清粉、矿物质和维生素及氨基酸复合添加剂等组成。30 日龄开始，所有羔羊饲喂颗粒料和羊草，开食料主要由玉米、豆粕、麦麸及矿物质等组成。

（二）饲喂水平对羔羊生长发育产生的影响

1. 对羔羊生长性能的影响

代乳粉饲喂水平对早期断奶羔羊体重、体尺等的影响见表 2 - 3。代乳粉饲喂水平显著影响早期断奶羔羊的生长性能（$p < 0.05$）。3 组羔羊全期增重分别为 12.15kg、14.32kg 及 16.58kg。其中，高饲喂水平组羔羊增重速度比低饲喂水平和中饲喂水平组分别高 36.46% 和 15.78%。20 日龄时，各组羔羊体重差异均不显著（$p > 0.05$）；40 日龄时，低饲喂水平组体重显著低于高饲喂水平组（$p < 0.05$），其余各饲喂水平组之间差异不显著（$p > 0.05$）；60 ~ 90 日龄期间，各处理组羔羊之间体重差异均显著（$p < 0.05$），以高饲喂水平组体重最高，中饲喂水平组次之。

羔羊的体尺增加均以高饲喂水平组优于低和中饲喂水平组。20 日龄时，各组体尺差异均不显著（$p > 0.05$）；40 日龄时，各饲喂水平组胸围（HG）差异不显著（$p > 0.05$），而代乳粉饲喂水平低的饲喂组 BL 和 BH 显著低于中和高饲喂水平组（$p < 0.05$）；60 日龄时，低和中饲喂水平组的体斜长（BL）和体高（BH）均显著低于高饲喂水平组（$p < 0.05$），低饲喂水平组 GH 显著低于高饲喂水平组（$p < 0.05$），其余各组之间差异不显著（$p > 0.05$）。80 日龄时，低饲喂水平组羔羊 BL 仍显著低于高饲喂水平组（$p < 0.05$），而在 HG 方面，低饲喂水平组显著低于中和高饲喂水平组（$p < 0.05$）。90 日龄时，低饲喂水平组体尺均显著低于高饲喂水平组（$p < 0.05$），而中饲喂水平组的 BH 和 HG 与高饲喂水平组差异不显著（$p > 0.05$），BL 亦显著低于高饲喂水平组（$p < 0.05$）（表 2 - 3）。

表 2 - 3　代乳粉饲喂水平对羔羊发育的影响

| 项目 | 处理 | 日龄 | | | | | SEM | p | | |
		20	40	60	80	90		日龄	组别	日龄×组别
体重（kg）	A	5.70	7.10[b]	11.07[c]	14.95[c]	17.85[c]	0.49	< 0.0001	< 0.0001	< 0.0001
	B	5.84	7.81[ab]	12.63[b]	17.05[b]	20.16[b]				
	C	5.93	8.71[a]	14.20[a]	19.14[a]	22.51[a]				
体斜长（cm）	A	42.07	45.34[b]	51.41[b]	56.66[b]	60.58[c]	0.75	< 0.0001	0.0006	0.0064
	B	43.69	48.22[a]	53.77[b]	59.91[b]	64.47[b]				
	C	42.49	49.53[a]	57.08[a]	63.86[a]	67.56[a]				
体高（cm）	A	42.58	44.81[b]	49.08[b]	53.93	56.18[b]	0.54	< 0.0001	0.1688	0.1762
	B	42.90	45.54[ab]	49.21[b]	54.34	56.98[ab]				
	C	43.21	47.14[a]	52.36[a]	56.44	59.09[a]				
胸围（cm）	A	42.94	46.23	54.38[b]	59.62[b]	63.56[b]	0.81	< 0.0001	0.0712	0.0034
	B	42.60	47.01	55.43[ab]	63.30[a]	66.19[ab]				
	C	42.72	48.16	58.00[a]	64.41[a]	68.38[a]				

注：同一指标同列数据肩标不同者差异显著（$p < 0.05$）

2. 饲喂水平对羔羊采食量和饲料转化率影响

代乳粉饲喂水平对羔羊平均日增重（ADG）、采食量（FI）和饲料转化率（FCR）的影响见表 2 - 4。各处理组羔羊代乳粉饲喂量按照试验设计进行，各阶段代乳粉饲喂量组间差异显著（$p < 0.05$）。代乳粉饲喂水平对羔羊 ADG 影响差异显著（$p < 0.01$）。20 ~ 30 日龄时，羔羊只饲喂代乳粉，羔羊 ADG 随饲喂水平的增加而升高，低饲喂水平组显著低于中和高饲喂水平组（$p < 0.05$）；FCR 随饲喂水平的增加而降低，低饲喂水平组显著高于高饲喂水平组（$p < 0.05$）。30 ~ 40 日龄时，高饲喂水平组 ADG 显著高于低饲喂水平组（$p < 0.05$），与中饲喂水平组差异不显著（$p > 0.05$），但比中饲喂水平组高 32.31%；饲料转化率各组之间差异不显著（$p > 0.05$）。40 ~ 70 日龄时，高饲喂水平组 ADG 显著高于低饲喂水平组（$p < 0.05$），与中饲喂水平组差异不显著（$p > 0.05$）。40 ~ 50 日龄时，中饲喂水平组 FCR 最低，显著低于低饲喂水平组（$p < 0.05$），但与高饲喂水平组差异不显著（$p > 0.05$），其余各阶段各组间差异不显著（$p > 0.05$）。70 ~ 90 日龄时，各饲喂水平组 ADG 和 FCR 差异不显著（$p > 0.05$），但 70 ~ 80 日龄，各处理组 ADG 较低，高饲喂水平组 ADG 仅为 195.4 g/d，可能是由于此阶段天气恶劣，温度骤降造成的。

3. 饲喂水平对营养物质消化代谢的影响

代乳粉饲喂水平对羔羊营养物质消化代谢影响见表 2 - 5。由表 2 - 5 看出，代乳粉饲喂水平影响早期断奶羔羊 DM、OM、GE、N、Ca 和 P 的表观消化率。55 ~ 60 日龄时，高饲喂水平组 DM、OM、GE、N、EE、Ca 和 P 的表观消化率显著高于低饲喂水平组（$p < 0.05$），而中饲喂水平组与高饲喂水平组营养物质表观消化率差异不显著（$p > 0.05$）。85 ~ 90 日龄时，高饲喂水平组和中饲喂水平组 DM 表观消化率分别为 86.2% 和 84.8%，显著高于低饲喂水平组的 81.6%（$p < 0.05$）；GE 表观消化率变化与 DM 相似，高饲喂水平组和中饲喂水平组显著高于低饲喂水平组（$p < 0.05$）；N、EE、Ca 和 P 的表观消化率变化也相似，即低饲喂水平组显著低于高饲喂水平组（$p < 0.05$），低饲喂水平组与中饲喂水平组、中饲喂水平组与高饲喂水平组差异不显著（$p > 0.05$）；各组之间 OM 表观消化率差异不显著（$p > 0.05$）。

由表 2 - 5 可以看出，55 ~ 60 日龄阶段，低饲喂水平组羔羊 N、Ca、P 的沉积率显著低于高饲喂水平组（$p < 0.05$），而中饲喂水平组与高饲喂水平组差异不显著（$p > 0.05$）。85 ~ 90 日龄阶段，高饲喂水平组 N 沉积率最低，仅为 70.9%，显著低于低饲喂水平组（$p < 0.05$）；各组之间 Ca 沉积率差异不显著（$p > 0.05$）；低饲喂水平组 P 沉积率为 79.1%，显著低于中饲喂水平组的 83.0% 和高饲喂水平组的 83.8%（$p < 0.05$），中与高饲喂水平组 P 沉积率差异不显著（$p > 0.05$）。

4. 血清生化指标

羔羊血清生化指标见表 2 - 6。50 日龄时，各组之间总蛋白（TP）差异不显著（$p > 0.05$），平均为 5.31g/L；高饲喂水平组白蛋白（ALB）含量为 3.03g/L，显著高于低饲喂水平组的 2.77g/L（$p < 0.05$）；各组之间尿素氮（BUN）差异不显著（$p > 0.05$），但低饲喂水平组数值最高，为 15.61mmol/L，比中饲喂水平组和高饲喂水平组分别高 11.66% 和 11.26%；血糖变化规律与 BUN 相反，虽然各处理组之间差异不显著（$p > 0.05$），但中饲喂水平组和高饲喂水平组分别为 78.17mmol/L 和 78.06mmol/L，比低饲喂水平组的 62.72mmol/L 数值上分别高 24.63% 和 24.46%；各处理组之间胆固醇（CHOL）、甘油三脂（TG）差异不显著（$p > 0.05$）；ALB 随饲喂量水平的升高而升高，以低饲喂水平组最低，仅为 362.39IU/L，显著低于高饲喂水平组的 650.17IU/L（$p < 0.05$），而中饲喂水平组与低

表2-4 代乳粉饲喂水平对羔羊日增重、采食量和饲料转化率的影响

项目	处理	日龄								SEM	P		
		20~30	30~40	40~50	50~60	60~70	70~80	80~90	20~90		日龄	组别	日龄×组别
平均日增重（g）	A	13.00^b	126.5^b	208.33^b	189.94^b	220.28^b	168.11	290.39	173.79^c	7.06	<0.0001	<0.0001	0.6138
	B	62.33^a	135.22^{ab}	283.06^{ab}	199.94^{ab}	262.22^{ab}	178.78	311.78	204.76^b				
	C	100.67^a	177.56^a	303.39^a	245.50^a	298.06^a	195.40	337.21	236.83^a				
颗粒料采食量（kg）	A		1.20	2.80	3.60	3.50	4.00	4.10	19.20	0.091	<0.0001	0.3483	0.6108
	B		1.10	2.70	3.70	3.30	3.80	4.00	18.60				
	C		1.25	3.13	4.20	3.80	4.10	3.90	20.40				
羊草采食量（kg）	A		0.08	0.23	0.28	0.37	0.49	0.40	1.84	0.013	<0.0001	0.0608	0.7958
	B		0.08	0.25	0.28	0.34	0.50	0.35	1.79				
	C		0.08	0.32	0.33	0.40	0.59	0.45	2.16				
饲料转化率	A	4.84^a	1.63	1.90	2.67	2.32	3.66^b	2.10	2.73	0.083	<0.0001	0.0017	<0.0001
	B	1.46^b	1.72	1.51	2.81	2.17	3.87^{ab}	2.32	2.26				
	C	1.19^b	1.58	1.75	2.81	2.43	4.42^a	2.48	2.38				

饲喂水平组差异不显著（$p > 0.05$），但显著低于高饲喂水平组（$p < 0.05$）。90日龄时，饲喂水平对血清生化指标影响较小，各处理组之间 TP、ALB、BUN、GLU、TG、ALP 差异均不显著；CHOL 含量随着饲喂水平的升高而增加，高饲喂水平组显著高于低饲喂水平组（$p < 0.05$），而其余各组之间差异不显著（$p > 0.05$）。

表 2-5　代乳粉饲喂水平对羔羊营养物质消化代谢的影响

项目	处理组	日龄 55~60	日龄 85~90	SEM	p 日龄	p 组别	p 日龄×组别
干物质表观消化率（%）	A	80.17[b]	81.62[b]	0.56	0.1624	0.0025	0.9977
	B	83.2[ab]	84.79[b]				
	C	84.74[a]	86.18[a]				
有机物表观消化率（%）	A	82.16[b]	84.61b	0.53	0.0697	0.0031	0.9202
	B	85.45[ab]	87.02[a]				
	C	86.61[a]	88.27[a]				
总能表观消化率（%）	A	78.36[b]	82.07[b]	0.68	0.0296	0.0024	0.7312
	B	83.32[a]	85.17[a]				
	C	84.94[a]	86.96[a]				
氮表观消化率（%）	A	75.54[b]	89.75[b]	0.70	0.0323	0.0025	0.5984
	B	81.08[a]	92.46[ab]				
	C	82.13[a]	94.54[a]				
粗脂肪表观消化率（%）	A	79.69[b]	87.05[b]	0.90	0.0020	0.0002	0.0911
	B	88.34[a]	90.27[ab]				
	C	90.74[a]	93.09[a]				
钙表观消化率（%）	A	35.13[b]	40.13[b]	1.66	0.5064	0.002	0.7093
	B	46.4[ab]	45.64[ab]				
	C	51.59[a]	53.10[a]				
磷表观消化率（%）	A	55.38[b]	83.3[b]	2.24	<0.0001	0.0026	0.0676
	B	68.31[a]	86.01[ab]				
	C	73.62[a]	89.58[a]				
氮沉积率（%）	A	65.7[b]	78.65[a]	1.08	0.0171	0.8266	0.0054
	B	70.04[ab]	76.42[ab]				
	C	75.33[a]	70.87[b]				
钙沉积率（%）	A	33.84[b]	38.13[b]	1.41	0.9504	0.0036	0.448
	B	44.25[ab]	42.81[ab]				
	C	49.25[a]	45.93[a]				
磷沉积率（%）	A	53.77[b]	79.14[b]	2.05	<0.0001	0.0018	0.063
	B	67.11[ab]	82.96[a]				
	C	72.21[a]	83.78[a]				

表2-6 代乳粉饲喂水平对羔羊血清生化指标的影响

项目	处理组	日龄 50	日龄 90	SEM	p 日龄	p 组别	p 日龄×组别
总蛋白（g/L）	A	5.32	6.13	0.079	<0.0001	0.6274	0.1235
TP	B	5.14	5.99				
	C	5.48	5.76				
白蛋白（g/L）	A	2.77[b]	3.08	0.045	<0.0001	0.0626	0.7033
ALB	B	2.81[ab]	3.22				
	C	3.03[a]	3.32				
尿素氮（mmol/L）	A	15.61	17.54	0.58	0.0353	0.5379	0.8899
BUN	B	13.98	15.46				
	C	14.03	16.56				
血糖（mmol/L）	A	62.72[b]	92.44[b]	2.7	<0.0001	0.0213	0.2922
GLU	B	78.17[a]	96.11[ab]				
	C	78.06[a]	107.56[a]				
胆固醇（mmol/L）	A	41.72	52.89[b]	1.54	<0.0001	0.1312	0.1953
CHOL	B	40.89	57.44[ab]				
	C	44.25	63.00[a]				
甘油三酯（mmol/L）	A	24.56	18.89	0.92	0.0004	0.258	0.9822
TG	B	27.61	22.22				
	C	24.25	18.22				
碱性磷酸酶（IU/L）	A	362.39[b]	419.67	26.52	0.434	0.1069	0.0063
ALP	B	395.50[b]	463.22				
	C	650.17[a]	438.11				

二、代乳品饲喂水平与生产性能的关系论述

（一）代乳粉饲喂水平与羔羊体重体况增加

代乳粉的成分、饲喂水平和饲喂方式等均对羔羊的生产性能产生影响。本试验结果表明，代乳粉饲喂量显著影响羔羊的生长性能，羔羊生长性能随饲喂水平的增加而增加。有人用与羊乳同等营养水平的代乳品饲喂羔羊，结果表明，代乳粉饲喂组生长性能显著低于母羊哺乳组。40日龄时，高饲喂水平组羔羊体重显著高于低饲喂水平组和中饲喂水平组。在体尺方面，中饲喂水平组和高饲喂水平组体斜长差异不显著，两者均显著高于低饲喂水平组，而三组之间体高和胸围差异均不显著。由此表明：在20～40日龄时，饲喂水平主要影响羔羊的体重，而对体尺的影响较小。由于体高和体斜长受体内脂肪沉积变化影响很小，常被用

来反映骨骼的生长发育。因此，在 20～40 日龄时，营养物质首先满足骨骼生长发育。40 日龄后，羔羊体高和体斜长随饲喂水平的增加而增加；90 日龄时，高饲喂水平组体斜长显著高于其余两组，体高显著高于低饲喂水平组，表明提高代乳粉饲喂水平可以促进羔羊骨骼生长发育。

羔羊的胸围增长：40 日龄前，胸围变化较为缓慢；40 日龄后，胸围随着瘤胃的发育而迅速扩充。整个试验期，中饲喂水平组与高饲喂水平组差异不显著，而低饲喂水平组增长速度较慢，试验结束时，胸围增长显著低于高饲喂水平组。

（二）代乳粉饲喂水平与羔羊日增重、采食量和饲料转化率

代乳粉饲喂水平对日增重影响与羔羊日龄有关，20～30 日龄时，羔羊只饲喂代乳粉，羔羊生长发育所需要的营养物质均由代乳粉提供，日增重随饲喂水平的升高而显著增加，低饲喂水平组仅为 13.0g/d，而高饲喂水平组高达 100.7g/d。30 日龄后，羔羊开始补饲开食颗粒料和羊草，生长速度明显加快。30～70 日龄时，高饲喂水平组日增重显著高于低饲喂水平组，与中饲喂水平组差异不显著；70～90 日龄时各组之间日增重差异不显著，这可能主要是由于随着羔羊日龄的增加，消化系统逐渐发育，消化酶系统不断建立，羔羊对固体植物性饲料营养物质的消化吸收能力不断加强，颗粒料逐渐替代代乳粉成为羔羊生长发育所需营养物质的主要提供者。在哺乳期，羔羊对营养物质的消化主要依赖体内消化酶的作用，对颗粒料和羊草的消化能力相对较弱。有研究表明，羔羊出生后胰蛋白酶和糜蛋白酶活性很低，且随日龄变化不大，直到 60 日龄后酶活性显著增高。随着日龄的增长，羔羊逐步具备成年反刍动物的消化机能和代谢特点，大致 8 周龄时羔羊瘤胃、网胃容积相对复胃的比例即可接近成年羊。

代乳粉饲喂水平不影响羔羊对开食颗粒料和羊草采食量，这可能是由于代乳粉中含有优质植物性饲料，并有少量的纤维成分，增加代乳粉饲喂量可促进消化器官尤其是瘤胃的发育。羔羊哺乳期增加代乳粉饲喂量对消化器官尤其是瘤胃发育的影响有待进一步研究。

试验表明，代乳粉饲喂量显著影响 FCR，这主要是因为动物对营养物质的需要，包括维持需要和生产需要，营养物质首先满足维持需要，若营养水平过低，对 ADG、FCR 不利，但营养水平过高，造成脂肪沉积较多，使每千克增重耗料增加，造成 FCR 恶化。

（三）代乳粉饲喂水平与羔羊营养物质消化代谢

营养物质的来源和浓度是影响动物体内营养物质消化与代谢的主要因素之一。羔羊消化和代谢率随代乳粉饲喂水平增加而提高，这可能与代乳粉的原料来源、加工方式以及营养水平有关，易于被哺乳期羔羊消化吸收。本试验采用代乳粉为配方代乳粉，主要原料为大豆蛋白粉、乳清粉、矿物质、维生素以及氨基酸复合添加剂等，在加工工艺方面，大豆经加热、干燥、喷雾等处理，去除了抗营养因子和抗原等，避免了羔羊采食后造成肠绒毛萎缩和隐窝增生等。随着羔羊日龄的增加，营养物质的消化率逐渐提高，这主要是由于羔羊体内消化酶系统逐渐建立，酶活不断提高造成的，但是随着代乳粉饲喂量的不断增加，氮的沉积率降低，此时尿中氮的排泄会增加。有试验表明，随着日粮蛋白质水平升高，蛋白质的表观消化率增加，但蛋白质的真消化率保持不变。当蛋白质满足动物最大氮沉积需要时，再提高蛋白质水平，则会因蛋白质过剩而导致 N 的排泄增加，最终降低 N 的利用率。

（四）代乳粉饲喂水平与羔羊血清生化指标

血清 TP 由 ALB 和 GLOB 两部分组成。ALB 是营养物质载体，可维持血浆渗透压，又是

机体蛋白质的一个来源，用于修补组织和提供能量，蛋白质摄入不足或吸收障碍，可引起血清 ALB 数量的降低。50 日龄时代乳粉饲喂量对血清 TP 无影响，但低饲喂水平组 ALB 显著低于高饲喂水平组，表明 1.0% 饲喂水平组羔羊蛋白质摄入量不足，肝脏合成降低，造成血清中 ALB 含量降低，引起羔羊生长缓慢。90 日龄时，各处理组的 TP 和 ALB 含量差异均不显著。

血清 BUN 为蛋白质代谢后产物，是反映动物体内蛋白质代谢和日粮氨基酸平衡状况的指标。血清 BUN 含量与日粮中含氮物质总量、蛋白质的利用率等有关，当日粮中含氮物质增多或蛋白质利用率降低时均可引起血清 BUN 含量升高。方毅研究表明：羔羊早期断奶饲喂代乳品可引起羔羊胃肠道消化机能不适，羔羊对蛋白质的利用率有所降低，造成 BUN 升高。然而，上述研究结果表明，血清 BUN 与饲喂量水平无关。这可能是高饲喂量组生长速度较快，对蛋白质需要量较高造成的。

GLU 是动物机体能量平衡的重要指标，反映机体内糖的生成和组织消耗之间的一个动态平衡，GLU 的相对恒定对维持机体的正常生理功能有重要意义。GLU 的提高可增强肾上腺皮质激素和胰高血糖素功能，抵御寒冷和应激等不良因素的影响。

血清中 CHOL 大部分来自肝脏的合成，少量来自日粮。CHOL 和 TG 反映了羔羊对脂类的利用情况，其值越低，表明羔羊对脂肪的利用率越高。上述实验中，50 日龄时代乳粉饲喂水平对羔羊 CHOL 影响不大，但 90 日龄时，高饲喂水平组羔羊血清 CHOL 显著高于低饲喂水平组，这可能与羔羊代乳粉饲喂量过高有关。

ALP 是广泛分布于肝脏、骨骼、肠和肾等组织、经肝脏向胆外排出的一种酶，与肝脏和骨骼的代谢密切相关。血清 ALP 活性的高低反映了动物的生长状况，因为具有遗传标记的同工酶，其活性的高低可以反映生长速度和生长性能。

（五）羔羊代乳品的适宜食用量

代乳粉饲喂水平显著影响羔羊的体增重和体躯发育，羔羊生长性能随饲喂水平的增加而增加；代乳粉饲喂水平不影响开食料采食量，50 日龄前，饲料转化率受饲喂水平影响显著，以 2.0% 饲喂水平组最优。代乳粉饲喂水平显著影响羔羊营养物质的消化代谢，营养物质消化率随饲喂水平的升高而升高，85～90 日龄时，N 沉积率随饲喂水平增加而降低。代乳粉饲喂水平影响血清 ALB、ALP、CHOL，50 日龄时，低饲喂水平组 ALB 浓度和 ALP 活性显著低于高饲喂水平组，90 日龄时，高饲喂水平组 CHOL 含量显著高于低饲喂水平组。

综合本试验中羔羊的生长性能、消化代谢、血清生化指标及经济成本，羔羊在 20～50 日龄、50～70 日龄和 70～90 日龄时代乳粉适宜饲喂水平分别为体重的 2.0%、1.5% 和 1.0% 为宜。

三、代乳品的使用实践

目前，国外对于羔羊代乳粉的研究与应用已经比较广泛，并且已经有多家专业的代乳粉生产厂家，国内羔羊专用代乳粉的研究与应用均刚刚起步，中国农业科学院饲料研究所经多年的研究与实践研制出最新羔羊专用代乳粉，代乳粉选用经浓缩处理的优质植物蛋白质粉和动物蛋白质，经雾化、乳化等现代加工工艺制成，含有羔羊生长发育所需要的蛋白质、脂肪、乳糖、钙、磷、必需氨基酸、脂溶性维生素、水溶维生素、多种微量元素等营养物质和活性成分及免疫因子。可以在羔羊吃完初乳后，将其按照 1∶5～7 的比例用温开水冲泡，代替母羊奶喂养羔羊，在生产中已经见到很大的效益。

中国农业科学院饲料研究所最新研制的代乳粉的饲喂试验表明，胚胎移植的 60 只波尔山羊羔羊分为 2 组，试验组出生 10 ~ 15d 后只进食代乳粉，对照组羔羊吃母羊奶，后期外加鲜牛奶，90d 后，两组羔羊的体重无差异（表 2 - 7），吃代乳粉羔羊组发病率和死亡率均明显低于对照组，用羔羊代乳粉解决了波尔山羊因胚胎移植，母羊缺奶的后顾之忧（刁其玉，2002）（图 2 - 2）。

表 2 - 7 代乳品羔羊与对照组羔羊体增重 （单位：kg）

处理组	性别	初生重	10 日龄重	90 日龄重
对照组	公 18，母 12	4. 15 ± 0. 59	6. 50 ± 0. 96	21. 25 ± 3. 84
试验组	公 17，母 13	4. 15 ± 0. 56	6. 50 ± 0. 85	21. 19 ± 2. 34

北京大兴崔指挥营肉羊养殖中心使用中国农业科学院饲料研究所研制的羔羊代乳粉饲喂羔羊，效果显著。羔羊自出生第 6 日起开始训练羔羊饮食代乳粉，过渡 6d，自第 12 日龄起试验组羔羊饲喂代乳粉，羔羊 60d 断奶。结果表明，饲喂代乳粉羔羊断奶平均体重达到 10. 22kg，显著高于母乳羔羊（6. 46kg）。羔羊日增重达到 170g/d，较母乳羔羊高 62. 67g，羔羊增重速度提高了 58. 25%（表 2 - 8 和表 2 - 9）。

表 2 - 8 羔羊体重变化情况 （单位：kg）

体重	初生重	30d	60d	全期增重
试验组	4. 11 ± 1. 23	9. 15 ± 1. 73[A]	14. 33 ± 2. 30[A]	10. 22 ± 1. 41[A]
对照组	4. 14 ± 1. 02	7. 01 ± 0. 82[B]	10. 59 ± 1. 17[B]	6. 46 ± 1. 07[B]

注：表中同一列数据肩标不同大写字母者表示差异极显著（$p < 0.01$）

表 2 - 9 羔羊日增重变化情况 （单位：g）

日增重	0 ~ 30d	31 ~ 60d	0 ~ 60d
试验组	167. 83 ± 29. 86[A]	172. 67 ± 38. 89[A]	170. 25 ± 23. 56[A]
对照组	95. 67 ± 27. 08[B]	119. 50 ± 28. 18[B]	107. 58 ± 17. 91[B]

注：表中同一列数据肩标不同大写字母者表示差异极显著（$p < 0.01$）

北京高特牧业有限公司使用中国农业科学院饲料研究所研制的羔羊专用代乳粉饲喂羔羊，对羔羊进行早期断奶取得了成功。其具体做法如下：将羔羊专用代乳粉用温开水按照 1 : 5 ~ 7 的比例冲泡，然后饲喂羔羊，羔羊数量较少时，可使用奶瓶饲喂，在饲喂时，用双腿夹住羔羊，一手托住羔羊头部，一手持奶瓶进行饲喂。刚开始时，羔羊需要对奶头进行适应，可用手指蘸少量代乳粉液体，放入羔羊口中，让其吮吸，对于个别羔羊，可将手指放入羔羊口中压住羔羊舌头灌服。代乳粉液体的喂量可按照羔羊的生长发育情况进行调整，每次饲喂量不得超过 500ml，每日饲喂量不得超过 2 000ml，以免引起消化不良，羔羊 20 日龄可补饲优质干草及颗粒饲料，羔羊满 40 日龄、60 日龄、80 日龄时应按比例减少代乳粉饲喂次数和数量，直至断奶。

超大集团东营波尔山羊育种场和青岛波尔山羊育种场使用中国农业科学院饲料研究所研制的代乳品饲喂杂交羔羊，羔羊出生后首先吃初乳到第5天，然后羊奶和代乳品混合使用过渡到第10天，其后试验组羔羊只进食代乳品，到90日龄断奶。羔羊的增重（表2-10、表2-11和表2-12）。

表2-10　波尔山羊羔羊试验（超大集团畜牧场）　　（单位：kg/只）

试验处理	出生重	10日龄重	15日龄重	90日龄重
母羊奶 + 牛奶	4.15 ± 0.59[a]	6.50 ± 0.96[a]	7.90 ± 1.21[a]	21.25 ± 3.84[a]
初乳之后代乳粉	4.15 ± 0.56[a]	6.50 ± 0.85[a]	8.11 ± 0.92[a]	21.19 ± 2.34[a]

注：表中同一列数据肩标不同大写字母者表示差异极显著（$p < 0.05$）

表2-11　波尔山羊羔羊试验（青岛波尔山羊繁育中心）　　（单位：kg/只）

试验处理	出生重	28日龄重	48日龄重	68日龄重	88日龄重
羔羊随母哺乳	4.05 ± 0.58[a]	8.91 ± 2.23[a]	10.63 ± 2.90[b]	13.72 ± 3.36[b]	17.56 ± 3.88[b]
初乳之后代乳粉	3.68 ± 0.74[a]	9.01 ± 1.22[a]	12.25 ± 1.60[a]	15.59 ± 1.94[a]	19.15 ± 2.63[a]

注：表中同一列数据肩标不同大写字母者表示差异极显著（$p < 0.05$）

表2-12　杂交羊羔羊试验（青岛波尔山羊繁育中心）　　（单位：kg/只）

试验处理	出生重	15日龄重	35日龄重	55日龄重	85日龄重
羔羊随母哺乳	3.43 ± 0.56[a]	4.43 ± 0.78[a]	5.88 ± 1.03[a]	7.09 ± 1.26[a]	9.35 ± 2.10[b]
初乳之后代乳粉	3.23 ± 0.52[a]	4.91 ± 0.66[a]	5.92 ± 0.88[a]	7.25 ± 1.04[a]	11.84 ± 1.61[a]
初乳之后代乳粉	3.10 ± 0.37[a]	4.88 ± 0.68[a]	5.87 ± 1.48[a]	8.12 ± 1.89[a]	11.63 ± 2.19[a]

注：表中同一列数据肩标不同大写字母者表示差异极显著（$p < 0.05$）

总之，现代配方代乳粉是根据羔羊营养需要，选用易消化、适口性好的优质原料，采用全新加工工艺精制而成，含有羔羊生长发育所需的蛋白质、脂肪、维生素、微量元素及各种免疫因子，使用方便，易于贮存。因此，改变传统的培育犊牛方式，施行早期断奶，饲喂专用代乳粉，不仅会促进羔羊的生长发育，而且可以使羔羊较早的采食植物性饲料，锻炼和增强羔羊瘤胃等消化机能和耐粗性，能够增强羔羊免疫力和抗病能力。另外，还可以有效解决母羊多胎多产、羊奶不足的问题，同时缩短母羊的繁殖间隔，使母羊达到一年两产或两年三产的状态。

第四节　羔羊早期断奶技术的操作规范

世界肉羊的工厂化、集约化生产客观上要求母羊快速繁殖，在多胎的基础上达到一年两产或两年三产，这就要求羔羊必须施行早期断奶并快速育肥。随着我国经济与世界接轨，我国的肉羊养殖业与世界的接轨也迫在眉睫。养殖场和养殖户按照标准的羔羊养殖技术操作是必不可少的。

一、初生羔羊的护理

1. 清除黏液

当羔羊产出后，应迅速将羔羊口、鼻、耳中及其周围的黏液清除掉，以免妨碍初生羔羊的呼吸。应让母羊舔干羔羊身上的黏液，如果母羊恋羔性差，可将胎儿黏液涂在母羊嘴上。

2. 断脐带

母羊站起后脐带自然断裂，在脐带断端涂 5% 的碘酊消毒。如未自行断裂，在擦净体躯的黏液后，需在距脐带基部 10cm 处用消毒剪刀剪断脐带，挤出脐带中的内容物，并用 5% 的碘酊充分消毒，以免发生脐炎。

3. 保证羔羊及时吃上初乳

初生羔羊在生后半小时以前应该保证吃到初乳。随后羔羊表现出有活力，紧随母羊的特性，吃奶活动均正常，这对以后的生长发育有很大好处，羔羊的成活率也高。身体较健壮的羔羊出生后能够自行吸食母乳，少数不能自行吸食的需要饲养人员辅助帮其找到母羊乳头吸食母乳。必须保证羔羊及时吃上初乳，不然羔羊很快就会死亡。

4. 初乳

初乳中含丰富的蛋白质、脂肪，且氨基酸组成全面，维生素较为齐全和充足，同时含矿物质较多，特别是镁多，有轻泻作用，可促进胎便排除。另外，初乳中含抗体多，是一种自然保护品，具有抗病作用，能有效抵抗外界微生物侵袭。因此，吃好初乳是降低羔羊发病率、提高其成活率的关键环节。饲喂优质的初乳对于羔羊获得母体的被动免疫至关重要。因此，在出生后的 5～10d，应尽可能供给羔羊优质的初乳。如果母羊初乳不够或者初乳品质差，则应饲喂之前冷冻储存的优质初乳或者其他新产母羊的初乳。

5. 水

应保证羔羊每天 24h 都能饮用到洁净、卫生的饮水。冬季要禁止羔羊饮用过冷的水。

6. 搞好圈舍卫生

严格执行消毒隔离制度，羔羊出生 7～10d，羔羊痢疾增多，主要原因是圈舍肮脏、潮湿拥挤、污染严重。这一时期要深入检查，包括检查食欲、精神状态以及粪便，做到有病及时治疗。对羊舍及周围环境要严格消毒，对于病羔要及时隔离，对于死羔及其污染物及时处理掉，消灭传染源。

二、羔羊代乳品的饲喂

代乳品是根据羔羊的营养需要特点并参考羊奶的营养组成，人工配制的可以取代部分或全部羊奶饲喂羔羊的商品饲料。代乳品需稀释成合适的浓度后才能饲喂羔羊。优质的代乳品是实现羔羊早期断奶的关键。使用羔羊代乳品替代鲜奶饲喂羔羊时，应有 3～5d 的过渡期，即逐渐增加代乳品的用量，减少羊奶的用量，直至完全替代羊奶。

1. 断奶日龄的掌握

羔羊断奶日龄因品种、羔羊体况、饲喂方式、季节等不同而有所差异。尽管越早断奶对羔羊的应激越大，但是越早断奶的羔羊接受代乳粉的情况越好。羔羊能够在 2d 之内适应代乳粉，采食量能够迅速赶上甚至超过同期羔羊吃母乳的量。依本课题组多年试验的经验（饲喂小尾寒羊），在羔羊 10～15 日龄时可以将羔羊与母羊强制分离，改成饲喂代乳粉。

2. 断奶之前的准备工作

断奶前要做好以下准备。

（1）在羔羊与母羊分开后，要在其身上用油漆涂写编号，有条件可打耳号，便于日后管理。

（2）给羔羊选取干净、朝阳、通风好的羊舍，将羊舍打扫干净、消毒。

（3）准备一套专用的饲喂代乳粉的器具，如烧开水的壶、奶瓶、奶嘴、盆、桶，清洗干净，开水煮过消毒。

（4）尽量准备好羔羊补草料的吊架槽。

3. 代乳粉的调制

奶瓶奶嘴及冲调代乳粉的容器每次饲喂后要刷洗干净，饲喂前要沸水煮沸5min。代乳粉的冲调比例：建议在断奶初期要小一些，以1:3~5为宜，使得干物质比例高，增加小羊的营养物质采食量。到中后期可以增大比例至1:6~7。

调制代乳粉乳液，要用50~60℃的温开水冲调代乳粉，待冲调的代乳粉凉至35~39℃时再进行饲喂。在没有温度计的情况下，可将奶瓶贴到脸上感觉不烫即可。注意要控制温度，防止过凉引起腹泻，过热烫伤羔羊的食道。

代乳品的具体饲喂方法如下。

（1）称量　根据羔羊的数量和每只羊的喂量确定代乳品用量，称量代乳品并置于奶桶中。

（2）冲对　用煮沸后冷却到50~60℃的开水冲对代乳品。

（3）搅拌　充分搅拌代乳品，直至没有明显可见的代乳品团粒。

（4）定温　冲兑后的代乳品温度较高，待代乳品液体温度降到35~39℃时用于饲喂羔羊。

4. 饲喂方式

羔羊与母羊分离之后，用奶瓶装代乳粉对羔羊进行诱导灌喂，但要遵循少量多次原则，以避免过强的应激，使小羊能够慢慢适应代乳粉。一般情况下，刚断奶的羔羊1周内，1d要饲喂3~6次，每次饲喂的时间间隔要尽量一致，以便使小羊尽可能多的采食代乳粉。夜间尽可能饲喂1次，尤其在冬季，以防止小羊能量不足冻死。

待羔羊食用代乳粉正常1周后，可以用盆或吊架槽诱导羔羊采食代乳粉。饲喂人员用手指蘸上代乳粉让羔羊吮吸，逐步将手浸到盆中，将手指露出引诱羔羊吮吸，最后达到羔羊能够直接饮用盆中的代乳粉，此步骤要非常耐心，经过2d左右羔羊就能独立饮用代乳粉了。此训练的成功，对以后的饲喂节省人工起着至关重要的作用。

在这个过程中要特别注意的是，由于没有奶嘴不能够对羔羊产生有效的刺激，食管沟不能完全闭合，会有部分的奶粉进入瘤胃进行异常发酵，所以每次用盆饲喂后应再让羔羊饮用一些清水，以避免瘤胃异常发酵。

5. 代乳粉饲喂量

羔羊代乳粉的饲喂量以羔羊吃八分饱为原则。通常的用量：羔羊日龄在15d以内时，每天每只喂3~5次，每次20~40g代乳粉，对水搅拌均匀；羔羊日龄超过15d以上时，每天喂3次，每次40~60g代乳粉。实际操作中可根据羔羊的具体情况调整喂量，全天的饲喂代乳粉的量参照本书第三节的试验资料，生产实践中可根据羔羊生长速度变化进行调整。同时，要注意采食后小羊的腹泻情况，从而调整采食量和进行药物治疗。

从羔羊 20 日龄开始补饲精料和优质的青草或苜蓿干草，但 45 日龄前羔羊对草料的采食量很低。

6. 饲喂代乳粉中要注意的问题

（1）液体饲料的饲喂应做到定量、定温、定时、定人，即饲喂时温度应为 35～39℃，每次的喂量一致，饲喂时间尽可能恒定，饲养员定人。

（2）羔羊饲喂完毕后，应用毛巾将羔羊口部擦拭干净，防止互相舔食。同时，将奶桶、奶盆、奶瓶、奶嘴等用具清洗干净，沸水煮沸 3min。晾干待下次使用。

（3）产品冲泡后略有沉淀，不影响效果，可于饲喂前稍加搅拌。

（4）羔羊饲喂代乳粉早期会排出黄色软稀粪，不影响羔羊健康。

（5）及时更换羔羊舍内的垫草，保持舍内的卫生。

（6）用盆喂代乳粉时，由于没有奶嘴不能够对羔羊产生有效的刺激，食管沟不能完全闭合，会有部分的奶粉汁进入瘤胃进行异常发酵，所以，每次用盆饲喂后应再让羔羊饮用一些清水，以避免瘤胃异常发酵。

（7）个别羔羊对代乳粉接受能力较差，采食量很低，饲养员注意对其多饲喂几次，保证其能量和营养的摄入。

（8）个别羔羊会有拉软粪或腹泻情况，对于软粪的可以不用采取措施，对于腹泻的，下次饲喂减量或是停喂一顿，严重者可灌服乳酶生片。

7. 补饲草料

一般羔羊在 15～20d 起开始训练吃草吃料。这时，羔羊瘤胃微生物区系尚未形成，不能大量利用粗饲料，所以应补饲高质量的蛋白质和纤维少、干净脆嫩的干草。一般 15 日龄的羔羊每天补饲混合精料 50～75g，1～2 月龄补饲 100g，2～3 月龄 200g。在饲喂过程中注意少喂勤添，补饲草料结束后应将料槽里的剩草料倾倒干净，并将料槽倒扣，防止羔羊卧在槽里和将粪便排在槽里。

三、羔羊的日常管理

1. 建立羔羊档案

羔羊断奶后，应将初生重记入档案，要连同父母亲、祖父母亲一同记入档案并对羔羊进行编号，一般采用耳标法，主要是打耳号，常用的是塑料耳标，既经济又简单。

2. 羔羊的编群

羔羊的编群工作非常重要。编群编的好，便于管理，能提高羔羊的成活率，否则，容易造成伤亡事故。羔羊出生不久，体格不够健壮，应该单独组群饲养管理，这样对母仔相识、羔羊及时哺乳及饲养员精心照料、熟悉均有利。这一阶段羔羊比较小，母羊体力也未完全恢复。所以，应该安排责任心强的人员管理羔羊。原则是按照出生天数分群，羔羊出生天数越短，羊群就要越小，日龄越大，组群越大。一般出生后 3～7d 内母子在一起，施行单独管理，可将母羊 5～10 只合为一个小群；7d 以后，可将产羔母羊 10 只以上合为一群；20 日龄以后，可以大群管理。由于羔羊长大了以后，逐渐有了自己活动的能力，母羊也越来越习惯保护羔羊了，因此，这种分群方法，无论对母羊或羔羊都有好处。应该注意的是，组群的大小还要根据羊舍的大小、母羊的营养状况，母羊恋羔情况、羔羊的强弱等具体掌握。只要羊舍有足够的空间,就不要急于合大群;母羊营养差,乱奶羔太厉害,或羔羊瘦弱,也不要急于合大群。但是,过久的小群管理,会限制母仔的运动量,造成食欲减退,泌乳量降低,浪费劳动力,经济上不合算。因此,在编群管理上,适当的进行大小群调整,无论从生产效益上,还是经济效益上,都具有非常重要的意义。在编小群时,应选择发育相似的羔羊,合并在一起。饲料条件较好时,对单羔母羊可以混合编群,以便多羔母羊乳汁不足时,借哺单羔母羊乳汁。当饲料条件不好时,可以单独编多羔群,以便偏管偏喂。1个月以上的羔羊,可以放入大群管理。

3. 去角

羔羊在断奶1周后应进行去角,防止相互之间争斗时造成伤害。常用的去角方法有:苛性钠法和烙铁法。

(1)苛性钠法 先剪去角基部的毛,然后用凡士林涂抹在羔羊角基部周围,再用苛性钠在剪毛处涂抹、摩擦、直至出血为止。常以见到微血管血润为止,每天1次,大约1周可结痂。

(2)烙铁法 用加热至白热的烙铁直接烧烙角基,然后去掉结痂,并在伤口处撒些消炎粉防止感染。

4. 断尾

早期断奶羔羊的断尾主要用于肉用绵羊品种公羊同当地的母绵羊杂交所生的杂交羔羊,或是利用半细毛羊品种来发展肉羊生产的羔羊,其羔羊均有一条细长的尾巴。

断尾的目的是为了避免粪尿污染羊毛,保持羊毛的清洁;防止夏季苍蝇在母羊外阴部下蛆而感染疾病;方便配种。

断尾的时间一般选择羔羊生后1周左右,当羔羊身体虚弱时,或天气过冷时,可适当延长。断尾时选择一晴天的早上开始,不要在阴雨天或傍晚进行,阴雨天伤口愈合慢。早上断尾后有较长的时间用于观察羔羊,如果羔羊有出血的可以及时处理。

断尾常用的方法有热断法和结扎法。

热断法:需要有一个特制的断尾铲和两块20cm见方的木板。一块木板的下方,挖两个半月形的缺口,断尾时,把尾巴正压在这半月形的缺口里,木板的两面钉上铁皮,以防止灼热的断尾铲把木板烧着了。这一木板很需要,不但用来压住尾巴,而且断尾时可以防止灼热的断尾铲烫伤羔羊的肛门和睾丸。另一块木板仅两面钉上铁皮就可以了。断尾时,把它衬在板凳上面,以免把板凳烫坏。

操作需要两个人配合。一人保定羔羊,即双手分别握住羔羊的前后肢,把羔羊的背贴在保定人的胸前,人骑在一条长凳上,正好把羔羊蹲在上述的那块木板上。断尾的人在离尾根4cm处(在第三尾椎、第四尾椎骨之间),用带有半月形缺口的木板,把尾巴紧紧的压住。把灼热的断尾铲取来(最好用两个断尾铲,轮换烧热使用),稍微用力在尾巴上往下压,即可将尾巴断下,切的时候速度不要过急,否则往往止不住血。断下尾巴后,若仍出血,可再用热铲烫一下,即可止血,然后用碘酒消毒。

热断法的优点是速度快,操作简便,失血少。缺点是伤口愈合慢。

结扎法:结扎法是用橡皮筋,将羔羊的尾巴在尾根部扎紧,经过1~2周,尾巴在结扎处干燥坏死,自然脱落,尾巴脱落后,在断尾处涂上碘酒。结扎法的要点是结扎要紧,注意观察尾巴脱落前后是否有化脓等异常现象,如出现化脓等,要及时涂上碘酒。此种断尾方法操作简便，断尾效果较好。

现在市面上也有专用的羔羊断尾去势钳，用法为：将橡胶圈放置于钳中，将橡胶圈张开套于羔羊尾部，松开断尾钳，使橡胶圈固定羔羊尾部。

5. 去势

去势也称阉割，去势的羊通常成为羯羊。

去势的目的：凡不作种用的公羔或公羊，一律去势。一是防止野交，乱交乱配，有利于选种选配；二是去势后的公羔或公羊，性情温顺，管理方便，节省饲料；三是去势后容易育肥，肉无膻味，且较细嫩。

去势的时间：以公羔生后 2～3 周为宜，如遇到天冷或体弱羔羊，可适当延迟。过早过晚均不好。去势和断尾可同时进行，以便于节省劳力。单独进行也可以。最好在前半天进行，以便于有全天的时间照顾羔羊。

去势的方法：

去势钳法：用特制的去势钳，在阴囊上部用力夹紧，将精索夹断。睾丸逐渐萎缩。此法因不切伤口，无失血，无感染的危险。但是无经验者，没有把精索夹断，达不到去势的目的。

刀切法：刀切法是最常用的去势方法。即用锋利的小刀切开阴囊，摘除睾丸。去势时需两人配合，一人抓住羊的四肢，使羔羊腹部朝上面向术者。另一人用剪刀剪去阴囊外部长毛，用 3% 石炭酸或碘酊消毒，左右抓住阴囊并挤紧睾丸，右手用消毒过的手术刀在阴囊下方切开一个小口，切口约为阴囊长度的 1/3，以能挤出睾丸为宜，切开后右手捏住睾丸转几圈，随后将睾丸连同精索拉出撕断，一般不用剪刀或刀割，一侧的睾丸取出后，依法取另一侧。睾丸摘除后，把阴囊的切口对齐，涂碘酊消毒，并撒上消炎粉。过 1～2d 检查一下，如阴囊收缩，则是安全的表现。如果阴囊肿胀，可挤出其中的血水，再涂抹碘酊和消毒粉，一般不会出什么危险。去势后的羔羊要收容在有洁净垫草的羊圈内，以防感染。在有破伤风发生的地区，羔羊去势的同时，应注射破伤风类毒素，详见下图。

图　羔羊的刀切法去势

结扎法：当公羔 1 周龄时，将睾丸挤在阴囊中，用橡皮筋或细绳紧紧的结扎在阴囊的上部，断绝血液的流通，经过半个月左右，阴囊及睾丸萎缩自行脱落，此法简单易行，值得推广。

化学去势法：将 10% 的甲醛溶液 10ml，用注射器注入阴囊，深度至睾丸的实质部分，使睾丸组织失去生长和生精的能力，达到去势的目的。此法简单易行，不出血，无感染，值得推广。

参考文献

［1］刁其玉．肉羊饲养实用技术．北京：中国农业科学技术出版社，2009

［2］刁其玉．农户规模养羊实用技术百问．北京：华龄出版社，2010

［3］张乃锋．羔羊早期断奶新招．北京：中国农业科学技术出版社，2006

［4］张乃锋．新编羊饲料配方 600 例．北京：化学工业出版社，2009

［5］阮银岭．实用肉羊饲养新技术．郑州：中原农民出版社，1996

［6］柳尧波．看图科学养肉羊．济南：山东科学技术出版社，1997

第三章 肉羊全混合日粮（TMR）饲料生产技术

第一节 全混合日粮（TMR）概述

一、TMR 的定义

TMR 是英文 Total Mixed Ration（全混合日粮）的缩写，是根据饲料配方将各原料成分均匀混合而成的一种营养浓度均衡的日粮。在生产中加工 TMR 时，采用特制的搅拌机对日粮各组成成分进行搅拌、切割和揉搓，使粗饲料和精饲料以及微量元素等添加剂按不同饲料阶段的营养需要充分混合，从而保证家畜所采食的每一口饲料都是精粗比例稳定、营养价值均衡的全价日粮，达到科学喂养的目的。

我国是世界第一养羊大国，但养羊业仍然面临良种覆盖率低、专用饲料供应不足、养殖方式落后等制约因素。传统的精粗分饲方式不利于羊瘤胃内消化代谢的动态平衡（挥发性脂肪酸生成、菌体蛋白合成、微生物区系），制约了生长潜能的充分发挥和经济效益的提高。规模化舍饲是我国农区养羊的必然趋势，利用秸秆、农产品加工副产物等制作 TMR，成为解决规模化羊场饲料资源不足、降低饲料成本、提高经济效益的重要途径。

二、TMR 的发展简史

全混合日粮（TMR）饲喂技术始于 20 世纪 60 年代。首先在英国、美国、以色列等国的奶牛业上应用。美国威斯康辛大学在机械化的基础上提出了群饲饲养法，其实质是按照奶牛各自的产奶量和营养需要，将它们分成不同的组群实施分别饲养，此法与 TMR 饲喂技术结合，在奶牛生产实践中取得较好的成效。目前，TMR 技术在奶牛上已非常成熟，在以色列、美国、意大利、加拿大等国已经普遍使用，在亚洲的韩国和日本，TMR 饲养技术推广应用也已经达到全国奶牛头数的 50%。我国在 1985 年，北京农业大学周建民等在北京三元绿荷奶牛养殖中心、金星奶牛场和金银岛奶牛场最早进行了 TMR 的饲养试验。近年来，我国的大型奶牛场正在逐渐推广使用，取得了较好的效果。TMR 饲料可根据不同奶牛群或不同泌乳阶段的营养和生理需要，随时调整配方，使奶牛达到标准体况，以充分发挥奶牛泌乳的遗传潜力和繁殖力。处于泌乳高峰期的奶牛采食高能量浓度的全混合日粮，可以在保证不降低乳脂率的情况下，维持奶牛健康体况，有利于提高奶牛受胎率及繁殖率。使用 TMR 饲喂的奶牛其泌乳曲线稳定，产后泌乳高峰期持续时间较长，且下降缓慢，可提高产奶率 7%～10%，提高乳脂率为 0.1%～0.2%，年产奶量达到 9 000kg 的奶牛，产奶量仍可提高 6%～10%。可简化饲养程序，便于实现饲喂机械化、自动化，与规模化、专业化、散栏饲养方式的奶牛生产相适应，简化劳动程序，提高劳动生产效率，减少饲养的随意性，使得饲养管理更精确。同时，可以充分利用当地原料资源，降低饲料成本，由于饲料投喂精确度的提高，使得饲料浪费量大大降低。TMR 饲喂方式可降低奶牛饲喂成本 5%～7%。其中，干草节约 5%，青贮节约 10%，使人工效率由过去的 15～20 头/人提高到 40～50 头/人。

TMR 饲喂技术在养羊业中也具有重要意义，前景广阔。目前，舍饲养羊的饲草料主要有青贮饲料、秸秆、青干草、精料等。饲喂方式为青贮饲料→精料→秸秆→青干草，由于几种饲料分开饲喂，造成先吃进的料在瘤胃先发酵，后吃进的料在瘤胃后发酵，不同饲料在瘤胃发酵生产的酸不同，使瘤胃 pH 值波动较大，蛋白质饲料和碳水化合物饲料发酵的不同步，降低了瘤胃微生物同时利用氮和碳合成菌体蛋白的效率，导致饲料利用率下降。另外，不同饲料适口性不同，易造成挑食现象，严重影响饲料利用率。有时过多挑食抢食精料还会发生酸中毒。从饲料加工上看，为减少饲料浪费，各种粗饲料和辅料（块根、块茎和瓜类）都要切割很碎，增加了劳动力和能源投入，因此有必要采用一次成形的 TMR 饲料。

肉羊饲喂 TMR 颗粒料时，采食、反刍、瘤胃消化蠕动所消耗的能量减少，饲料净能值增加，代谢能利用率提高，增加了其有效能的摄入量和能量转化效率。史清河等研究表明，TMR 颗粒料使羊的日采食量增加了 88.74%，饲料的转化率增加了 28.01%。林嘉等将试验羊群的 TMR 进行粗饲料碱化处理及其颗粒化处理，也发现 TMR 的颗粒化使得试验羊的日采食量和日粮转化率分别提高了 54.74% 和 15.52%，日增重增加了 83.16%。程胜利等报道，不同营养水平的 TMR 对羔羊生产性能的提高程度不同，综合分析，0.9 倍 NRC 营养水平组对羔羊各阶段的日增重明显优于其他各组。谢小来进一步进行了 9 种 TMR 配方优化的试验，结果表明，随着 TMR 中精料水平的提高，日增重、饲料转化效率呈上升趋势。罗军用 TMR 颗粒对半放牧的羔羊进行补饲，补饲 TMR 组的日增重显著高于不补饲组。另外，郝正里等报道，用以精料为主的 TMR 饲喂羔羊，其各组羔羊瘤胃液氨氮浓度为 64.8～261.3mg/L，处于微生物的耐受范围内，而且食后氨氮浓度下降，这是由于这种 TMR 采食快，瘤胃内容物被迅速稀释，且瘤胃微生物能很快从易消化碳水化合物发酵中获得充足的能量，有效利用氨合成蛋白质。另外，颗粒化的 TMR 还可以减少瘤胃内原虫数目，降低尿素转化为氨的速度，从而降低瘤胃液中氨氮的浓度。

三、TMR 的利弊

在 TMR 技术开发应用以前，传统的饲喂方法是粗饲料与精饲料按先后顺序单独给予。与传统的分离饲喂法相比，TMR 饲喂技术具有以下优点。

1. 精粗饲料混合均匀，改善饲料适口性，避免家畜挑食与营养失衡现象的发生。如棉籽饼、糟渣等经过 TMR 技术处理后适口性得到改善，有效防止肉羊挑食，可以提高干物质采食量和日增重，降低饲料成本。同时，TMR 日粮的饲喂方法是让肉羊少量多次采食，这样能缓解氨的释放速度，有利于非蛋白氮的利用。

2. 有利于糖类和碳水化合物的合成，提高蛋白质的利用率。

3. 增强瘤胃机能，维持瘤胃 pH 值的稳定，防止瘤胃酸中毒等代谢疾病。

4. 可最大限度地提高干物质采食量，提高饲料的转化率。

5. 可根据粗饲料的品质价格，灵活调整有效利用非粗料的 NDF。

6. TMR 工艺使复杂劳动简单化，简化饲养程序，减少饲养的随意性，使得饲养管理更精确。

7. 提高粗饲料利用率，有利于利用农副产品。增加对低质、难利用饲料的利用，可以充分利用当地原料资源，降低饲料成本，并能够减少饲料浪费。一些品质较低或者带有异味的粗饲料和农副产品单独饲喂时，家畜不太喜食或很少采食，而 TMR 使多种饲料均匀混合，使那些廉价不易利用的原料得以充分利用。

8. 可实现分群管理便于机械饲喂，提高劳动生产率，降低管理成本。

9. 实现羊场的规模化、专业化的生产方式，提高肉羊的饲养科技含量。

分析 TMR 颗粒饲料的经济效益，林嘉等研究发现，湖羊日粮的颗粒化加工使得每日每头羊获利增加 69.68%。陈海燕试验也表明，饲喂稻谷秕壳颗粒化 TMR 饲料每头山羊平均增重提高 228.24%，日平均净利润提高 0.16 元，平均每头羊的月收入提高 3.56 元。单达聪等采用 TMR 舍饲肉用绵羊，结果表明，羔羊早期强度育肥粗饲料使用苜蓿粉比玉米秸秆粉提高增重速度 29.41%，成本降低 17.48%；架子羊强度催肥，精饲料从 40% 上升到 60%，提高增重速度 16.44%，降低了饲养成本；4 月龄羔羊育肥期使用瘤胃酸度缓冲剂提高日增重 5.52%，5 月龄羔羊使用豆粕较棉粕提高日增重 9.08%。

综上所述，TMR 的利用可使家畜饲养管理更科学合理，减少疾病发生，提高生产能力，降低饲料成本，减轻劳动负担等诸多优点。但它也有以下缺点：饲料混合机等机械设备昂贵，需要高额投资；专业技术要求高，要依靠饲料分析和饲养标准进行正确的饲料设计；同一群体得到的相同的日粮，无法实行个体饲养管理；由于分群饲喂，同群个体在产奶量和体重上必须尽可能一致，若差异较大，就可能导致饲料效率下降，造成采食不足或采食过量。在我国现行饲养条件下，使用 TMR 还有许多制约因素，如圈舍、道路、饲槽不配套等，无法实现日粮的直接投放，需要经过二次搬运，结果影响日粮水分、均匀度，造成精粗饲料分离等。

四、发酵 TMR 饲料

1. 发酵 TMR 饲料定义

当 TMR 饲料水分含量较低时，由于比重不同，造成混拌不匀和反刍动物挑食现象。采用含水量高的饲料原料（湿酒糟等）或加水混拌（饲料含水量达到 40% ~ 50%），能有效的解决上述现象，保证了 TMR 饲料的应用意图。但随之而来的水分含量变大，好气性变败（aerobic deterioration）容易发生。这不仅使 TMR 饲料发生化学成分的质的变化，还会发生营养成分量的变化。同时，还容易引起采食动物的不良反应，甚至发生疾病。尤其在高温、高湿的环境（夏季），TMR 饲料的容易发生好气性变败。因此，提高 TMR 饲料的好气安定性（aerobic stability），防止 TMR 饲料的好气性变败，是大力推广和普及使用 TMR 饲料的一个瓶颈。日本早在 20 世纪 90 年代就开始了这方面的研究，找到了一种切实有效的解决方法即发酵 TMR。

发酵全混合日粮（Fermented Total Mixed Ration，FTMR 或 TMR silage）是一种新型的 TMR 日粮，是指根据不同生长阶段肉羊的营养需要，按设计比例，将青贮、干草等粗饲料切割成一定长度，并和精饲料及各种矿物质、维生素等添加剂进行充分搅拌混合后，装入发酵袋内抽真空或通过其他方式创造一个厌氧的发酵环境，经过乳酸发酵的过程，最终调制成的一种营养相对平衡的日粮。发酵 TMR 不仅可以有效利用含水量高的农产品加工副产物，而且可以长期贮存、便于运输，开封后的好气安定性大大提高。这种发酵方式已经被欧洲各国、美国和日本等世界发达国家广泛认可和使用，在我国的上海、内蒙古等地区也已经开始尝试使用这种发酵方式，并逐渐把它商品化（图3-1）。

图3-1　裹包发酵TMR

2. 发酵TMR饲料制作原理

发酵全混合日粮的制作类似于青贮，它在发酵过程中不改变日粮的饲料价值，改善日粮的适口性，缓解能量负平衡，确保较高的采食量、繁殖性能和产奶量，并且能够实现FTMR的市场流通。对于一些农副产品，可能不像青玉米那样易于发酵，需要添加微生物发酵制剂，促进TMR的发酵完善。也可以先对农副产品废弃物进行发酵，然后再制作FTMR。

3. 发酵TMR饲料的优点

（1）TMR发酵饲料经过发酵处理后提高了各种营养成分的消化率，饲料消化率比传统饲料提高15%～20%，在动物吸收相同量营养的情况下，使用TMR发酵饲料比使用传统饲料更加经济，采食同等量干物质的饲料，采食TMR发酵饲料能得到更多的营养。

（2）TMR发酵饲料品质稳定，更容易长期保存，生产后不开封保质期可超过1年，打开包装后还能保存1周以上不会发生二次发酵。传统TMR饲料不容易保存，或者由于水分太高，或者保存不当，都很容易让饲料霉变，这样也造成了很大的浪费，如果不慎投喂给了动物，还容易造成中毒，影响动物健康和生产性能。

（3）TMR发酵饲料可以采用大量当地廉价的原料制作，比如糟渣类饲料，这样不但降低了饲养成本，而且解决了环境污染的问题。

五、TMR颗粒饲料

1. TMR颗粒饲料定义

TMR颗粒饲料是根据不同生长发育及生产阶段家畜的营养需求和饲养要求，按照科学的配方，用特制的搅拌机对日粮各组分进行均匀的混合，并进一步将饲料与高温蒸汽混合调质后经过环模压制成颗粒的全混合日粮。在制粒过程中，饲料原料中的淀粉经过高温糊化；高温对饲料中的细菌等微生物有杀灭作用，这也对减少动物的消化道感染有效；制成颗粒后，可以减少饲料原料的分级，防止动物挑食。

羊的颗粒料不同于单胃动物的颗粒料，粗纤维含量必须高于17%（单胃动物要求低于4%），才能保证瘤胃功能正常。制作肉羊TMR颗粒饲料时，粗饲料和精饲料相互搭配，肥育羊精饲料比例可适当提高，繁殖母羊精粗比尽量控制在1:3以内（图3-2）。

图 3 - 2 羊用 TMR 颗粒饲料

2. TMR 颗粒饲料的优点

（1）颗粒制作体积小、容量大、营养浓度高。

如夏季的热应激会大大减少羊的采食量，小颗粒、高浓度的颗粒饲料可以保证羊的营养物质的摄入。

（2）高温糊化提高采食量和消化率。

在制粒过程中，高温使淀粉糊化，产生香味，也可刺激羊的食欲，提高采食量。

（3）在颗粒中添加一些营养或功能性添加剂，使羊群有更优秀的生长表现。

（4）颗粒饲料含水量低，储存时间长。添加适量其他添加剂等，防止饲料变质腐败，更易贮存，减少损失。

（5）有利于大规模工厂化饲料生产，运输方便，饲喂管理省工、省时，提高了规模效益和劳动生产率。

六、TMR 饲喂技术在养羊业中的意义

1. TMR 饲喂技术是"非常规"粗饲料资源开发利用的必然要求

我国人多地少，人畜争粮矛盾突出，部分饲料用粮严重依赖进口，发展节粮型草食畜牧业（牛、羊、兔等）是我国农业结构调整的重要内容。与猪、鸡相比，草食畜禽可充分利用各种价格低廉的"非竞争性"、"非常规"粗饲料资源，以达到节约粮食、降低成本的目的。但"非常规"粗饲料资源往往具有适口性差、有特殊气味、营养不均衡等弊端，不宜单独饲喂，亟需与其他常规饲料资源合理搭配制成 TMR 后饲喂。

2. TMR 饲喂技术是规模化养羊业的迫切需求

近年来，随着农村劳动力转移和用工成本的上涨，肉羊规模化、产业化进程明显加快，规模化舍饲养羊是未来农区养羊业发展的重要趋势。规模化养羊具有经营规模较大、生产方向专业化、经营管理集约化、生产现代化等特点，但规模化养羊必须解决好饲料的足量供应、降低饲料成本和人工成本、提高劳动生产率等难题。在肉羊规模化养殖中，饲料成本约占总成本的 65% ~80%，特别是对粗饲料的需求量很大。TMR 饲喂技术可解决饲料的低成本、足量供应和周年均衡供应问题，越来越受到规模化羊场的青睐。

传统养羊业正面临市场的冲击，舍饲养羊将是养羊业的长远出路，但也面临饲料和饲养的一系列问题。TMR 技术可以实现羊群饲养的科学化、自动化、定量化和营养均衡化，克

服传统饲养方法中的精粗分开、营养不均衡和难以定量的问题，其经济效益明显。应用 TMR 饲料是适应当前肉羊养殖业向集约化、规模化、优质高效经营发展的需要，有利于饲料资源的开发与利用，有利于从根本上改变肉羊饲料生产相对滞后的局面，缩小与畜牧发达国家的差距，因此，TMR 饲喂技术无疑是当今我国肉羊饲养技术改进的一个方向。但这种先进技术在实际生产中的应用，对羊群的鉴定和分群等方面具有较高的要求。在综合考虑 TMR 饲喂技术利弊的基础上，有必要借鉴国外先进经验，加大对肉羊 TMR 饲喂技术的研究推广，这将有利于缓解我国饲料资源供需不平衡的矛盾，充分发挥肉羊的生产潜能，缩短我国与世界肉羊养殖业发达国家的差距。因此，这方面的研究对我国肉羊生产潜能的最大发挥、规模化经营效益的提高及"节粮型"畜牧业的发展均具有重要意义。

第二节　肉羊 TMR 饲料的制作方法

一、TMR 饲料加工机械

TMR 饲料加工的主体设备是 TMR 饲料搅拌机，是把切短的粗饲料和精饲料以及微量元素等添加剂，按不同饲料阶段的营养需要充分混合的新型设备。性能优良的 TMR 饲料搅拌机带有高精度的电子称重系统，可以准确的计算饲料，并有效的管理饲料库，不仅要显示饲料搅拌机中的总重，还要计量每头动物的采食量，尤其是对一些微量成分的准确称量（如氮元素添加剂、人造添加剂和糖浆等），从而生产出高品质饲料，保证家畜每采食一口日粮都是精粗比例稳定、营养浓度一致的全价日粮。可以使牲畜无选择的采食配方所确定的饲料成分，有效保证了动物对蛋白质的需求，使奶产量或日增重明显增加，动物体质也有很大改进，减少了新陈代谢病的发生率。

TMR 饲料加工的附属设备有揉碎机、铡草机、粉碎机、制粒机、压块机、膨化机等。

二、TMR 搅拌设备的选择

选择 TMR 搅拌机时，通常需要考虑搅拌车的容积、机型、配套动力及应用模式等。

1. 搅拌机容积

选择容积可根据以下公式推算：

日加工次数×批生产量 = 全群 TMR 日消耗量

日加工次数 = 日工作时间÷批生产耗时

批生产量 = 搅拌车容积×80%（按有效工作容积 80% 计算）×TMR 容重

2. 立式与卧式搅拌机的选择

详见表 3-1、图 3-3、图 3-4。

表 3-1　立式与卧式 TMR 搅拌机的比较

	立式	卧式
内部结构	1~3 根垂直布置的立式螺旋钻搅龙，定刀与动刀间隙大，通过阻力切割	1~4 根平行布置的水平搅龙，动刀与定刀间隙小

（续表）

	立式	卧式
工作原理	只有垂直搅拌，揉搓功能较弱	既有水平搅拌又有垂直搅拌，具备较强的揉搓功能
使用维护	既适用于小型草捆（每捆重量＜500kg），也可加工大型草捆（每捆重量＞500kg）	适用于小型草捆（每捆重量＜500kg）
	只能从上面上料	可从上面或后面上料
	无需预切割长草	需要预切割长草，防止阻扰搅龙
	机箱内不易产生剩料	机箱内剩料较难清理
	机器长度要求拐弯半径小	机器长度要求拐弯半径大
	需登上扶梯才能观察	可通过后视保护网观察

图 3 - 3　立式 TMR 搅拌机

图 3 - 4　卧式 TMR 搅拌机

3. 搅拌机配套动力的选择

详见表 3 - 2、图 3 - 5、图 3 - 6。

表 3 – 2　固定式与移动式 TMR 搅拌机的比较

	牵引式	自走式	卡车式	固定式
特点	1. 移动自由，但转弯半径大	1. 转弯半径小，作业灵活	1. 行驶速度快，便于远途运输 TMR	1. 固定安装，电力驱动方便
	2. 牵引杆高度可调，可挂接各种型号的拖拉机	2. 自动化程度高，工作高效，节省劳动力		2. 装配位置灵活
			2. 机器坚固耐用	3. 无需因设备要求改变有规划设计
			3. 采用装载机上料，一机多用	4. 搅拌好的日粮需二次运输
	3. 需配备取料设备装载上料	3. 自带上料臂抓手		
		4. 控制设备先进		
		5. 驾驶环境舒适	4. 驾驶舒适	
运作成本	牵引拖拉机、取料设备成本和油耗成本	1. 搅拌车价格昂贵	1. 一次采购成本高	1. 无需拖拉机，减少前期购置成本
		2. 自取料装置和易损件保养费用高		2. 耗电成本低于耗油成本
			2. 油耗比牵引式和自走式要多	2. 耗电成本低于耗油成本
		3. 购买时需权衡 TMR 车总成本与劳动力成本之间的关系		3. 故障率低，维护保养简单
				4. 取料和卸料耗费更多劳动力成本

图 3 – 5　自走式 TMR 搅拌车

与固定式搅拌机相比，移动式搅拌车具有以下特点。

（1）优点　①节约劳动力，自动化程度高，装料和发料能节约时间，节省饲料成本；②及时投放加工好的 TMR 饲料，保证饲料新鲜度，减少变质造成的损失；③工作循环时间短，生产效率高。

（2）缺点 ①对圈舍、道路、场地要求高；②对拖拉机等牵引式动力机械的性能依赖强，维护保养工作量大；③机器的购置、易损件的费用和后期的操作费用高。

由此可见，因小规模羊场羊舍通道较窄、羊舍高度偏低，宜采用固定式搅拌机，搅拌好后由机动三轮车或手推车运送到羊舍，然后再进行饲喂，即二次搬运方式解决，所以劳动生产率不能得到充分提高。

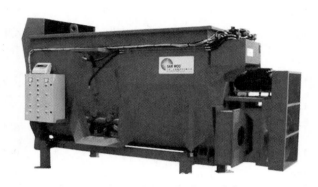

图3-6 固定式TMR搅拌机

4. 应用模式

（1）固定式搅拌车模式 该模式适用于由于羊舍及饲喂通道限制而无法实现日粮直接投放的羊场和某些道路不畅通而限制搅拌车移动的羊场。该模式实现TMR的机械加工，降低工人劳动强度；使用电机为搅拌车提供动力，降低了饲料加工成本。但由于一般老羊场草库、精料库、青贮窖不集中，因此，需要提前做好各种饲料原料的运输准备工作，否则加料时间长会造成机械设备的工作时间延长，磨损及电耗增加；另外需由三轮车或农用车进行2~3次的饲料搬运，会影响TMR饲料的均匀度。

（2）牵引式搅拌车模式 该模式适用于饲料搅拌车可以自由移动的羊场。该模式由于搅拌车可自由移动，无须其他专门设备搬运集中物料，节省人工；利用自身的青贮抓手或青贮取料机保护青贮截面，避免二次发酵；搅拌好的TMR饲料即时投放保证饲料的新鲜度；工作循环时间较短，生产效率高。但如果草库、精料库、青贮窖不集中，获取饲料原料的时间过长，使机械设备的工作时间延长，磨损及油耗增加；另外对羊舍及羊场道路布局要求较高。

（3）自走式搅拌车模式 该模式适用于大型现代化羊场（1 000头以上）。该模式可利用自身的取料装置吸取物料，节省取料时间；自由进出羊舍，撒料快捷方便；循环快，生产效率高。缺点是购置成本较高。

三、肉羊TMR饲料配方设计原则

1. 初次配合日粮必须以其饲养标准为依据，否则就无法确定各种养分的需要量（表3-3）。

2. 应选当地最为常用、营养丰富而又相对便宜的饲料原料。在不至于影响羊只健康的前提下，通过饲喂能够获得最佳经济效益。

3. 饲料搭配必须有利于适口性的改善和消化率的提高。如青贮、糟渣等酸性饲料与碱化或氨化秸秆等碱性饲料搭配。

表3-3 不同体重和日增重山羊饲养标准

体重（kg）	日增重（g）	ME（MJ/d）	CP（g/d）	Ca（g/d）	P（g/d）
10~20	200	5.91	84	8.1	5.4
20~30	200	6.8	87	8.5	5.6
30至出栏	200	8.04	94	6.1	4.2
10~20	125	5.51	64	4.6	3
20~30	125	6.04	67	4.9	3.3
30至出栏	125	7.28	74	3.1	3.8
10~20	170	5.54	74	6.4	4.2
20~30	170	6.42	77	6.7	4.5
30至出栏	170	7.66	84	3.9	4

4. 饲料种类多样化，精粗配比适宜。饲草一定要有2种或2种以上，精料种类3~5种，使营养全面，改善日粮的适口性，保持羊只的食欲。

5. 日粮配比要有一定的质量。日粮体积过大，难以吃进所需的营养物质；体积过小，即使营养得到满足，由于瘤胃充盈度不够，难免有饥饿感。

6. 配制的日粮应保持相对稳定。突然改变日粮构成，会影响羊瘤胃发酵，降低饲料消化率，甚至引起消化不良或下痢等疾病。

推荐山羊育肥期间TMR颗粒饲料配方如下（表3-4）。

表3-4 成年山羊和羔羊肥育用全价颗粒饲料配方

全价日粮组成（%）	成年羊用		羔羊用	
	配方1	配方2	配方1	配方2
禾本科草粉	35.0	30.0	39.5	20.0
豆科草粉	—	—	30.0	20.0
秸秆	44.5	44.5	—	19.5
精料	20.0	25.0	30.0	40.0
磷酸氢钙	0.5	0.5	0.5	0.5
全价日粮营养成分				
干物质（kg）	0.86	0.86	0.86	0.86
代谢能（MJ）	6.90	7.11	9.08	8.70
粗蛋白质（g）	72	74	131	110
钙（g）	4.8	4.9	9	7
磷（g）	2.4	2.5	3.7	3.4

四、肉羊 TMR 饲料原料选择

TMR 应选当地最为常用、营养丰富、能保证稳定供应而又相对便宜的饲料原料，并经常进行营养成分测定（表 3 - 5）。

表 3 - 5 部分饲料原料样本的常规检测

样品名称	CP 均值（%）	均值 GE（kcal/g）	DM（%）	Ash（%）
木薯酒糟	9.26	3.09	91.2	2.4
豆皮	11.71	3.99	92.6	4.7
黄豆秸秆粉	4.08	3.87	85.8	5.2
麸皮	16.90	3.87	86.5	3.7
大麦颗粒	11.84	3.97	88.1	5.4
玉米粉	8.18	3.85	85.4	3.6
豆粕	43.36	4.16	88.7	3.3
花生壳粉	5.70	2.88	88.7	3.8
棕榈粕	15.83	4.62	94.4	5.9
棉粕	36.69	4.09	89.1	3.9
茶渣颗粒（混合）	26.72	4.63	90.1	5.0
茶渣粉（绿茶）	20.85	4.64	90.0	5.1

1. 粗料

包括青干草、青绿饲料、农作物秸秆等。具有容积大，纤维素含量高，能量相对较少的特点。一般情况下粗料不应少于干物质的 50%，否则，会影响肉羊的正常生理机能。

2. 精料

包括能量饲料、蛋白质饲料以及糟渣类饲料，含有较高的能量、蛋白质和较少的纤维素，它供给肉羊大部分的能量、蛋白质需要。

3. 补加饲料

一般包括矿物质添加剂、饲料添加剂等，占日粮干物质的比例较小，但也是维持肉羊正常生长、繁殖、健康等所必需的营养物质。

五、肉羊 TMR 饲料的制作方法

要获得高质量的 TMR，必须采用正确的制作方法。必须定期检测饲料原料中的营养成分，及时调整日粮配方，以满足不同生理阶段家畜对各种营养物质的需要。

1. 原料预处理

为减轻搅拌机的负荷，提高混合制料，应对部分饲料原料进行预处理，如大型草捆应提前散开，牧草铡短、块根类冲洗干净。部分种类的秸秆等应在水池中预先浸泡软化（图 3 - 7）。

2. TMR 原料添加顺序

（1）基本原则　遵循先干后湿、先精后粗、先轻后重的原则。

图 3 - 7　原料浸泡软化

（2）添加顺序　一般依次是精料、干草、辅助饲料、青贮、湿糟类等；立式搅拌机加料顺序一般为长饲草→谷物和蛋白质原料→预混料→青贮；卧式搅拌机加料顺序一般为谷物和蛋白质原料→预混料→饲草。

（3）如果是立式饲料搅拌车应将精料和干草添加顺序颠倒。

（4）一般情况下，最后一种饲料加入后搅拌 5 ~ 8min 即可，一个工作循环总用时为 20 ~ 40min。

（5）搅拌后 TMR 中至少有 20% 的粗饲料长度大于 3.5cm。

3. 搅拌

搅拌是获取理想 TMR 的关键环节，搅拌时间与 TMR 的均匀性和饲料颗粒长度直接相关，一般情况下，加入最后一种原料后应继续搅拌 3 ~ 8min，总的混合时间掌握在 20 ~ 30min。搅拌是制作 TMR 的一个重要的环节，要注意以下几点。

（1）称量准确，投料准确　每批原料投放应记录清楚，并严格按日粮配方进行审核。根据搅拌机的说明，掌握适宜的搅拌量，避免过多装载，影响搅拌效果。通常装载量占总容积的 70% ~ 80% 为宜。

（2）控制搅拌时间　时间过长使 TMR 太细，有效纤维不足；时间太短，原料混合不匀。因此，要边加料边混合，一般在最后一批原料添加完后，再搅拌 5 ~ 8min。日粮中粗料长度在15cm以下时，搅拌时间可以短一些（表3-6）。

表3-6　不同TMR原料参考混合时间

组分及类别	苜蓿	干草	玉米	豆粕	添加剂	切割	青贮	混合	分配
时间（min）	4	4	2	2	1	5~7	3	4~8	4

（3）控制搅拌细度　用颗粒震动筛测定。顶层筛上残留物重应占样品重的6%～10%，且筛上物不能为长粗草秆或玉米秸秆。

（4）按照合适的填料顺序，添加过程中，防止铁器、石块、包装绳等杂质混入，造成搅拌机损伤。

（5）认真观察料脚　料脚细度、成分应与TMR一致，如料脚筛上物质超过10%，说明羊在挑食。

4. TMR人工搅拌方法

若羊场未配备全混合日粮搅拌设备时，推荐进行人工全混合日粮配合。操作方法为：选择平坦、宽阔、清洁的水泥地，将每天或每吨的青贮饲料均匀摊开，后将所需精饲料均匀撒在青贮上面，再将已切短的干草摊放在精饲料上面，最后再将剩余的少量青贮撒在干草上面；适当加水喷湿；人工上下翻折，直至混合均匀。如饲料量大也可用混凝土搅拌机代替（图3-8）。

图3-8　混凝土搅拌机搅拌TMR

5. TMR制作中的常见错误与改进措施

（1）混合不足　搅拌时间过短，刀片有磨损；加料顺序不对；粗饲料比例过高；原料添加量过多。

导致的不良影响：原料混合不均匀，粗饲料过长，家畜容易挑食精料。个别羊可能因采食过多精料而出现问题。

（2）混合过度　粗饲料比例低；混合时间过长；粗饲料水分含量低。

导致的不良影响：混合过度时，粗饲料过短，饲料成分发生分离，颗粒度降低，日粮有效纤维比例减少，采食后反刍时间减少，唾液量减少，可能会导致酸中毒、真胃移位、产奶量和乳脂率降低。若粗饲料含水量过低，可推迟加入粗饲料。

（3）精、粗比例失调（粗料，奶牛上不能低于40%）　导致反刍时间减少，唾液量减少，引起瘤胃酸中毒，进而严重影响奶牛的生产性能、繁殖性能和健康状况。

（4）TMR 水分含量波动大　由于某些粗饲料原料（青贮、啤酒糟等）水分含量波动大引起，如同一青贮窖不同部位水分变化很大，底层含水量明显高于上层。

TMR 水分含量波动直接引起奶牛采食的干物质量发生变化，进而影响奶牛的生产性能。应每周检测 1 次青贮饲料的含水量，啤酒糟最好每天检测 1 次，但饲料原料干物质的变动超过 5% 时，应重新调整 TMR 配方。

（5）额外补饲其他饲料　如青草、豆渣、干草等。将打破日粮营养物质的平衡状态；部分营养素过量导致利用率降低；添加微量元素过量时可导致营养代谢病；某些矿物元素过量时可引起中毒；额外补饲蛋白质饲料可导致牛奶尿素氮超标。对确有必要添加的，可重新调整日粮配方，直接添加到 TMR 中。

六、TMR 饲料质量的感观鉴定

制成的 TMR 饲料应经常进行质量检测。平时可凭人的感观鉴定，简单地说：就是看一看，嗅一嗅，摸一摸，主要是 TMR 料的颜色、气味、结构三项指标。

1. 颜色

品质良好，收割适时的 TMR 饲料呈现青绿色或黄绿色，或接近青贮前原料的颜色；中等品质的 TMR 料呈现黄褐色或暗绿色；品质低劣的 TMR 料多为暗色、褐色、墨绿色或黑色。

2. 气味

详见表 3 - 7。

表 3 - 7　TMR 料的气味

评级	气味	可饲喂的家畜
良好	具有酸香味，略有曲酒味，给人以舒适的感觉	可饲喂各种家畜
中等	香味极淡或没有，具有强烈的醋酸味	可饲喂除妊娠家畜和幼畜以外的各种家畜
低劣	腐败发霉，具有一种特殊臭味	不宜饲喂任何家畜，洗涤后也不能使用

3. 结构

品质良好的 TMR 饲料压得非常紧密，但拿在手中又很松散，质地柔软而湿润，茎叶和花等都保持原来的状态，能够清楚地看到茎叶上的叶脉和绒毛。而品质不良的饲料粘成一团，好像一块污泥，或者质地松散而干燥、粗硬、发黏、腐烂，是不能作为饲料用的。

第三节 肉羊 TMR 饲料的使用方法

目前，TMR 饲养技术因其先进的饲喂方式和科学的管理方法正在我国奶牛业生产上迅速普及和推广。为了能够使 TMR 饲养技术优势得以充分的发挥，在肉羊上合理应用 TMR 饲养技术应做到合理分群、良好的饲槽管理、定期检测饲料原料和 TMR 营养成分、及时评价 TMR 使用效果等。

一、肉羊 TMR 饲喂分群方法

肉羊分群技术是实现 TMR 饲喂工艺的核心，分群的数目视羊群的生产阶段、羊群大小和现有的设施设备而定。主要有以下三种分群方案。

1. 方案一
分 2 个群，即将公羊和母羊分开。
2. 方案二
分 3 个组群，即舍饲育肥群、种母羊群、种公羊群。
3. 方案三
分 7 个组群，即哺乳羔羊群、生长育肥群、空怀配种母羊群、妊娠母羊群、后备母羊群、后备公羊群、种公羊群。适合于大、中型羊场。

二、肉羊 TMR 饲喂时的饲槽管理

饲槽管理的目标是确保羊群采食新鲜、适口和平衡的 TMR 来获取最大的干物质采食量，从而有效维持羊群高产。饲槽管理要注意如下几个方面。

1. 控制分料速度
在羊群采食最频繁的时间发料，效果最好。使用混合喂料车投料时车速要限制在 20 km/h，控制放料速度，保证整个饲槽的饲料投放均匀。
2. 合理的投料次数
多数牧场每天投料 2 次，在高温高湿的天气投料 3 次，冷天投料 1 次，以确保饲料的新鲜。增加饲喂次数并不能增加干物质采食量，但可以提高饲料效率，经常翻料也可达到增加采食量的效果，故在 2 次投料间隔内要翻料 2～3 次。
3. 注意饲槽观察
采食前后的 TMR 在料槽中应是基本一致的，饲料不应分层，特别是粗料与颗粒料，料底外观和组成应与采食前相近，不得有发热发霉的饲料。
4. 饲料投放量
每次投料前应保证有 3%～5% 的剩料量，以达到肉羊最佳的干物质采食量。防止剩料过多或缺料，剩料应及时出槽。不要将剩料与新鲜饲料混合在仪器进行二次搅拌引起日粮品质的下降。
5. 保证每只羊有足够的采食空间
如 TMR 制作或饲喂不当易引起挑食行为，为尽量避免挑食，还应做到：
1. 控制精料与粗料的比例为（60∶40）～（40∶60）。

2. 控制 TMR 中粗饲料的长度为 2~4cm，这个长度既满足了消化系统对有效纤维的需要，同时又不影响干物质采食量和日粮消化率。

3. 控制饲喂量：一次饲喂的量过多，就容易出现挑食行为，所以每次供给较少的饲料就可以缓解这个问题，但每次饲喂的日粮的量一定要满足奶牛最大的采食潜能。

4. 控制搅拌时间：随着搅拌时间的延长，TMR 的均匀性（一致性）提高，但饲料颗粒长度减少。应控制在既搅拌均匀又要避免过度搅拌。

5. 控制原料添加顺序。先添加轻的，较长的原料。注意添加顺序应考虑搅拌车类型及饲料品种。示例：羊草→苜蓿→青贮→精料→胡萝卜。

三、定期检测饲料原料和 TMR 的营养成分

1. 测定原料的营养成分是科学配制 TMR 饲料的基础

因原料的产地、收割季节及调制方法的不同，其干物质含量和营养成分都有较大差异，故 TMR 原料应每周化验 1 次或每批化验 1 次。原料水分是决定 TMR 饲喂成败的重要因素之一，其变化必将引起日粮中干物质含量的变化。因此，每周至少检测 1 次原料水分。一般 TMR 水分含量以 35%~45% 为宜，过干或过湿都会影响羊群干物质的采食量。研究表明，TMR 中水分含量超过 50%，水分每增加 1%，干物质采食量按体重 0.02% 下降。因而，必须经常检测 TMR 的水分含量。

实验室检测可采用烘箱，中小型羊场可以使用微波炉快速检测饲料中的水分。实际生产中可用手握法初步判定 TMR 水分含量是否符合标准：用水紧握不滴水，松开手后 TMR 蓬松且较快复原，手上湿润但没有水珠则表明含水量适宜（45% 左右）。

2. TMR 的营养平衡性要有保证

TMR 是以营养浓度为基础，这就要求各原料组分必须计量准确，充分混合，并且防止精粗饲料在混合、运输或饲喂过程中的分离。应定期抽样检测 TMR 的营养成分。

四、肉羊 TMR 饲喂效果评价

1. 宾州筛过滤法

宾州筛由两个叠加式的筛子和底盘组成。上筛孔径 1.9cm，下筛孔径 0.79cm，最下面是底盘。具体使用步骤：随机采取搅拌好的 TMR，放在上筛，水平摇动，直到没有颗粒通过筛子。日粮被筛分成粗、中、细三部分，分别对这三部分称重，计算它们在日粮中所占的比例。推荐比例：粗（>1.9cm），占 10%~15%；中（0.8cm<中<1.9cm），占 30%~50%；细（<0.8cm），占 40%~60%（图 3-9）。

2. 采食情况评价

判断肉羊采食情况时，应先对肉羊的采食情况进行估算，然后用实际测得的采食量与之进行对比。如果实际值低于估测值，说明采食量偏低。反之，则说明肉羊饲料利用率过低。

3. 反刍情况评价

反刍时间和反刍次数还可被用来判断 TMR 的精粗比是否合理。日粮中精料比例过高时，反刍次数减少，反刍时间缩短，每千克干物质的咀嚼时间不足 30min。

4. 生产性能评价

根据肥育效果评价 TMR 使用效果，即根据肉羊增重速度和肉的各理化指标进行判断。

5. 粪便状况评价法

通过观察肉羊的粪便状况可以衡量羊的健康状况和 TMR 的使用效果。

图 3 - 9　宾州筛

五、肉羊 TMR 饲料加工配送中心模式

由于使用 TMR 需要一定的羊群规模、圈舍结构和设备投资，小规模羊场不建议自行购买设备生产 TMR。可借鉴国外奶牛业中的经验，几家邻近的羊场或肉羊养殖小区联合建立 TMR 饲料加工配送中心，实现集中采购物料、加工、配送，降低饲料成本，提高生产效率。还可提供给周边养殖户，同时，向农民提供 TMR 的饲喂相关技术的咨询。具体模式如图3 - 10。

TMR 饲料加工配送中心模式的优缺点：

（1）优点

①实现小型养殖户 TMR 的加工和供给，节约劳动时间，降低劳动强度，提高劳动效率；②营养专家帮助养殖户制定分群日粮，提供饲养技术；③物料批量采购，集中加工制作，降低饲料成本；④缩小牧场间管理差距，减少代谢疾病，提高育肥效率。

（2）缺点

①因运输产生搅拌加工好的 TMR 饲料分离现象；②因受到当地的气温和放置、运输时

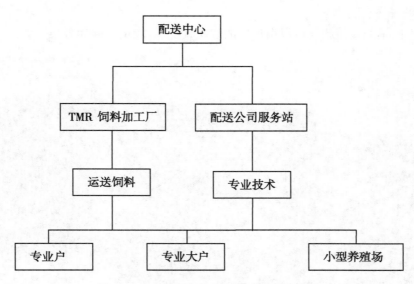

图 3 - 10　固定式 TMR 搅拌车的应用模式

间的影响，刚生产出来的 TMR 饲料水分含量与肉羊吃到的 TMR 饲料水分含量不一致；
③TMR饲料存放时间短，需及时配送，以防变质。

参考文献

［1］吕玉华，卢永红．全混合日粮颗粒料饲喂反刍动物的研究概况［J］．上海畜牧兽医通讯，2006（5）：16～17

［2］Rakes A H. Complete rations for dairy cattle［J］. J. Dairy Sci. , 1969（52）：870～875

［3］Ostergaard S, Grobn Y T. Concent rate feeding, dry -matter intake, and metabolic disorders in Danish Dairy cows［J］. Livest Prod Sci. , 2000（65）：107～118

［4］Michael R. A cost-benefit analysis of changing to TMR feed system［A］. Advances in Dairy Tech［M］, 1995：251～257

［5］Owen J B. Complete diets feeding dairy cows［A］. Recent Advance in Ruminant Animal Nutrition［M］, 1982：312～324

［6］Reddy N M, et al. Effect of fodder based complete diets on the rumen fermentation pattern crossbred bulls［J］. Indian J Anim Sci. , 1993, 10（1）：7

［7］李枝银．饲料膨化技术最新进展及应用［J］．农业机械，2003（7）：18

［8］张永根，包军，等．颗粒化 TMR 对肉牛增重效果的研究［J］．饲料工业，1999，20（1）：36～37

［9］史清河，韩友文．全混合日粮对羔羊瘤胃代谢产物浓度变化的影响［J］．动物营养学报，1999，3（11）：51～57

［10］林嘉，等．不同处理的全混合日粮对幼龄湖羊的饲喂效果［J］．中国畜牧杂志，2001，6（37）：36～38

［11］程胜利，郝正里，李发弟，等．不同营养水平饲喂颗粒育肥羔羊的效果［J］．甘肃农

业大学学报，2001，36（1）：44～49

[12] 郝正里．采食不同组合全饲粮颗粒料羔羊的瘤胃液代谢参数［J］．甘肃农业大学学报，2002，37（2）：145～152

[13] 谢小来，张永根，付丽芳，等．羔羊育肥期全混合日粮配方的优化［J］．中国草食动物，2003，23（专辑）：119～120

[14] 罗军，田冬华，李声永，等．全混合日颗粒补饲羔羊的增重效果分析［J］．中国畜牧杂志，2004，40（11）：45～46

[15] 陈海燕，钟仙龙．稻谷秕壳颗粒化全混合日粮肥育生长肉羊的效果［J］．丽水学院学报，2006，28（2）：32～34

[16] 单达聪，熊六飞．全混合日粮新技术舍饲肉用绵羊效果的研究［J］．现代农业科技，2007（24）：160～162

[17] Wang Jianhua，Wu Zilin，Michael K Woolfor，et al. A study on the effect of the bacterial inoculant on corn silag equality digestibility and performance in dairy cattle［J］. Hightechn-ologyLetters，2005，11（2）：211～216

[18] 陆东林，李景芳，孙燕飞，等．万千克奶牛浅析［J］．草食家畜，1997，95（2）：10～14

[19] 梁学武．现代奶牛生产［M］．北京：中国农业出版社，2003

[20] 全国畜牧总站．全混合日粮实用技术［M］．北京：中国农业科学技术出版社，2012

[21] 杨晓亮．发酵TMR粗饲料配方优化研究［D］．甘肃农业大学硕士学位论文，2009

[22] 张建国，卢小良，王丁棉．创建TMR供给中心促进奶牛饲养管理高效化与轻劳化［J］．广东奶业，2007（2）：18～20

第四章 食品工业副产品生物发酵与饲用技术

第一节 番茄渣饲料的加工利用

我国水果年产量达6 200万余t，居世界第一位。近年来，果蔬加工业迅猛发展，产生大量的残渣，成为具有巨大开发价值的饲料资源。通过快速干燥、制粒、生物发酵、青贮等方法可以将果渣制成优质动物饲料。实践证明，果渣饲料用于肉羊养殖，具有降低饲料成本，提高动物生产性能，并且可以提高动物免疫力等，受到了越来越多的学者和广大养殖者的关注。本节主要阐述番茄酱加工残渣——番茄皮渣的饲料开发利用技术。

图4-1 番茄渣

一、番茄渣的资源状况

我国是世界上最大的番茄及番茄制品生产国，2009年我国加工番茄产量达 856 万 t，占全世界的 20.5%，年产番茄鲜渣约 250 万 t（50 万 t 干渣），资源十分丰富，开发潜力巨大。但由于番茄渣生产季节性强，生产时间集中，缺乏相应的贮藏和加工利用技术，致使大量番茄渣未进行有效处理。采用了直接饲喂动物或作为肥料施入土壤，有的甚至被废弃。这样不但造成资源的巨大浪费，而且由此带来严重的环境污染问题（图4-1）。

二、番茄渣的营养价值

番茄渣主要由番茄籽、果皮和少量果肉三部分组成。其粗蛋白含量高达 11.5% ~ 24.5%（表4-1），含有数种人体所需的必需氨基酸（表4-2）。

表4-1 番茄籽、果皮和全番茄渣的营养成分 （%）

组分	来源	粗脂肪	粗蛋白	糖分	灰分
番茄籽	1	23.12	19.60	22.35	—
	2	14.6 ~ 29.6	22.9 ~ 36.8	2.9 ~ 5.4	2.0 ~ 9.6
	3	24.55	28.78	3.01	5.10
	4	24.98	20.29	21.31	6.39

（续表）

组分	来源	粗脂肪	粗蛋白	糖分	灰分
果皮	1	3.64	9.30	7.85	2.78
	2	2.90	9.61	6.72	3.23
	3	—	9.0 ~ 10.6	—	1 ~ 1.1
全渣	1	—	11.5 ~ 24.5	—	3.88

注：表中"—"为未检测

番茄渣（包括番茄籽实和番茄果皮）因产地、季节、成熟度、贮藏加工方式不同理化指标差异很大。番茄皮和番茄籽均含有较高蛋白质，番茄皮粗蛋白质含量高于玉米，番茄籽蛋白质含量与棉籽相似。番茄籽油脂很高，高于油料作物大豆、棉籽等。据报道，番茄籽中无有毒成分或营养抑制因子，是一种优质的油脂和蛋白质来源。番茄皮含很高纤维素，是一种优质粗饲料原料。番茄皮中氨基酸主要有谷氨酸、天冬氨酸、亮氨酸、精氨酸及蛋氨酸和组氨酸限制性氨基酸。番茄籽中主要氨基酸是谷氨酸、天冬氨酸、精氨酸、亮氨酸和赖氨酸。此外，番茄籽中还含有丰富的不饱和脂肪酸，是制取番茄红素的上好原料。

总之，番茄渣营养丰富、利用价值高，是一个亟待开发的优质饲料资源。

表 4 - 2　番茄种籽和果皮等的氨基酸构成　　　　　　　　（％）

名称	番茄籽1	番茄籽2	果皮	全渣
天门冬氨酸	1.51	2.27	0.78	—
苏氨酸	0.56	0.90	0.31	—
丝氨酸	0.95	1.23	0.45	—
谷氨酸	3.84	4.23	1.13	—
甘氨酸	0.98	1.00	0.56	—
丙氨酸	0.63	0.92	0.34	—
胱氨酸	0.51	0.11	0.03	—
缬氨酸	0.6	0.94	0.56	0.99
蛋氨酸	0.12	0.23	0.09	1.00
亮氨酸	0.92	0.75	0.45	1.70
苯丙氨酸	0.54	0.92	0.29	0.89

注：表中"—"为未检测

三、番茄渣的贮藏和加工

（一）鲜渣的贮藏

鲜渣生产季节性很强，用户必须做好番茄渣饲料的贮备工作。

通常情况下，一次性购入太少，难以满足养羊生产的长期需要；但一次性购入太多，保存不善极易出现腐败、变质等问题，造成严重资源与经济损失。

实践证明，鲜渣以水泥池窖为好。

1. 贮藏池场地的选择

贮藏池应选在地势较高、地下水位低的地方，以免雨水灌入或被污水污染。就近方便，以免浪费人力、物力。建设地土质要求紧密，以防下沉。距池塘、粪池、厕所等污染源要远，以保证贮藏质量。

2. 贮藏池修建

用户可利用经年利用的青贮窖或青贮池，作为鲜渣的贮藏池窖，也可新建专门用番茄鲜渣的贮藏窖。用户须根据地下水位高低、考虑取用方便等因素，分别建成地下窖、半地下窖和地上窖，建议选用地上窖，具体可参考青贮窖的设计要求进行。

（1）贮藏池高度　贮藏池高度一般为 2.5～4.0m，最小不低于 1.8m。

（2）贮藏池宽度　贮藏池宽度一般为所使用装载机械宽度的两倍以上，最小为 4.8～6m（2 倍小四轮拖拉机宽度）。对于完全用人力取用的养殖户来说，贮藏窖的宽度可因人而异。

3. 鲜渣贮藏的制作要点

（1）贮藏窖维修防渗　番茄鲜渣贮藏与青贮饲料有所不同，新建贮藏窖使用时，除清扫干净外，窖的底部和四壁应用覆盖或涂覆防水材料，以防渗漏造成损失。使用旧窖时，将窖底和四周清理干净即可。

（2）水分控制　由于鲜渣含水量高，装窖前须在窖底铺一层 30～50cm 厚的碎秸秆、软草或秕糠垫料，以吸收由上部渗压下来的汁液。汁液过多，可分层加入秸秆类粗饲料吸附之，即加一层（车）鲜渣加一层铡碎的垫料。这样即可防止营养流失，又可软化粗饲料，提高其饲用价值。

（3）密封保藏　封窖的方法和要求与制作青贮饲料相同。当鲜渣与窖边口相平、窖的中间高出 40～50cm 时即可封窖。封窖前，先在番茄鲜渣上覆盖 20～40cm 厚短草垫料；然后，在其上覆盖一层厚质塑料薄膜，将整个窖的四周密封、顶部用泥土或废弃轮胎（1 个/1.5～2.0m^2）压实。

封窖后要经常观察，当原料下沉，窖顶和边缘出现裂缝时要及时用湿土填实。待下沉稳定后，再在顶上加一层湿土压紧。青贮窖周围必须挖好排水沟，以免雨水渗入。

4. 鲜渣贮藏应掌握的几个原则

（1）就近购入原则　鲜渣购进时应掌握就近原则。鲜渣生产厂至用户养殖场，中途运输时间不易超过 24h，以免运输时间过长造成鲜渣的发霉变质。鲜渣窖贮期不宜超过 1 年，鲜渣购入时应按预算进行。

（2）快速保藏原则　鲜渣到达养殖场后，应尽快装填入窖，进行密封处理，避免长时间暴露空气中造成的鲜渣发霉变质。

（3）随用随取的原则　鲜渣取用过程中，要掌握用多少取多少的原则，随用随取。取用完后，要尽快将塑料布覆盖好。如果取用过量，切忌不可重新装入窖中，应做舍弃或干燥处理。

（4）质量安全原则　如果在鲜渣使用过程中，发现有发霉变质情况，应果断进行舍弃或作为肥料处理，切勿饲喂动物。

（二）鲜渣干燥

以新鲜番茄渣为原料，进行烘干、粉碎、压制颗粒等加工生产番茄粕、番茄渣粉或番茄渣颗粒，可以较好地保留番茄渣中固有的营养成分。番茄渣经干燥后，根据需要可粉碎成干粉，不仅适口性好，容易贮存、便于包装和远程运输，而且还可作为肉羊全价饲料的原料。干燥的方法分为自然干燥和人工干燥两种。

1. 自然干燥

不需要特殊设备，只需有晾晒的水泥地面或砖地面场地就行，因而投资少、成本低，但速度慢效率低，需要天气配合，需要连续几天的好阳光。

2. 人工干燥

需要配有机械设备，并要消耗能源，成本高，一次性投资大，但干燥效果好、质量高、营养素损失少，不受天气影响。有条件的饲料厂和养殖场可采用"有日则晒、无日则烘"的方式，以最大限度的节约加工成本。

干番茄渣具有天然黄色、无污染、气味酸、甜、芳香和适口性好等特点，作为饲料原料可降低饲料成本，可用于羊的养殖生产，干番茄渣粉以占羊精料补充料10%～25%为宜。

（三）鲜渣混贮

1. 原料选择

小麦秸、玉米秸、杂草等单独或配伍后与鲜番茄渣混后贮藏。

2. 水分控制

鲜渣与其他农作物秸秆混贮，控制水分宜在60%～70%。现场操作时，可根据经验来判定。即将混合均匀后的青贮原料，握在手中，手中感到湿润，但不滴水，即"手握成团，落地能散"为适宜。

3. 贮藏窖清理

当番茄渣与其他原料混合均匀装窖前，要将原有的青贮窖中及墙壁上附着的脏物清理干净，晾干后再用。装填混贮原料要快捷迅速，避免空气分解而导致腐败变质。青贮窖窖底须铺一层10～15cm厚的切短的秸秆软草，以便吸收贮料因重力作用产生的过多汁液。窖壁四周要衬一层塑料薄膜，以加强密封性能和防止漏渗水。

4. 粗饲料适度切碎

混贮原料切碎，便于压实，能增加饲料密度，提高青贮窖的利用率。切碎有利于除掉原料间隙中的空气，使植物细胞渗出汁液湿润饲料表面，有利于乳酸菌的繁殖和青贮饲料品质的提高，同时，还便于取用和牛羊采食。秸秆比较粗硬的应切短些，便于装窖踩实和牲畜采食。茎秆柔软的可稍长一些。例如，玉米秆切碎长度以1～2cm为宜，可以把结节崩开，提高利用率。小麦秸秆柔软，切碎长度为3～4cm。而杂草切成0.5～2.0cm为宜。

5. 原料的填装与压实

与鲜渣窖贮和青贮饲料制做方法相同。原料逐层装填，履带式拖拉机逐层压实。机械压不到的边角处，用人工踩实。

6. 混贮的密封和覆盖

与鲜渣窖贮和青贮饲料制做方法及要求相同。

7. 混贮原料的成熟与感官评定

混贮原料一般经过4～6周时间即可成熟取出喂饲。混贮饲料品质鉴定的方法包括现场评定和实验室评定。最常用的是现场感官评定法。从感官上看，良好的鲜渣混贮饲料应呈黄绿色，有光泽，近于原色，有酸香味，结构紧密、湿润，质地良好。

（四）番茄渣生物蛋白饲料

近年来，蛋白饲料紧缺的情况日益突显，已成为制约我国乃至世界畜牧业发展的瓶颈之一。为缓解国内蛋白饲料的紧张，满足养殖业及饲料业对蛋白饲料资源需求，我国用于生产豆粕的大豆进口量俱增，达到了3 000万t，甚至超过了国内的产量。如何开发新的蛋白饲料资源是我国饲料工业当前迫切解决的任务。番茄渣作为番茄酱加工副产品，营养价值丰富，可以作为微生物发酵的优良培养基，可以用来生产生物蛋白饲料。

1. 发酵菌种及来源

产朊假丝酵母（*Candida utilis*），白地霉（*Geotrichum candidum*）、酿酒酵母（*Saccharomyces cerevisiae*）、米曲霉（*Aspergillus oryzae*）、烟曲霉（*Aspergillus fumigatus*），菌种均购买于中国工业微生物菌种保藏中心（图4－2、图4－3）。

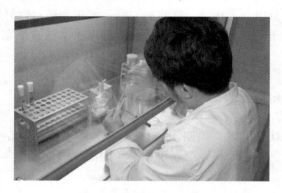

图4－2　菌种活化培养

图4－3　种子罐接种、培养

2. 复合微生物的制备

原种试管活化→三角瓶扩培→种子罐培养→发酵罐培养。

所述的酶母菌（产朊假丝酵母，白地霉、酿酒酵母）培养基为5°Bé麦芽汁培养基：大麦芽100g粉碎，放入1 000ml烧杯中，加水400～500ml，60℃恒温培养4～5h，8层纱布过滤。在一枚蛋清中加水20ml，搅拌至大量泡沫后将其倒入滤液中，煮沸，维持沸腾5min，8层纱布过滤，得澄清麦芽汁，测定糖度，并稀释到5°，112.6℃灭菌30min，保存于4℃冰箱备用。制作固体培养基时，加入 2% 琼脂粉，112.6℃灭菌 30min，即可（图 4-4）。

图 4-4　菌种镜检

所述的霉菌（米曲霉和烟曲霉）培养基为马铃薯葡萄糖培养基：取去皮的马铃薯 200g，切成小块，加水 1 000 ml 煮沸 30min，滤去马铃薯块，将滤液补足至 1 000 ml，加葡萄糖 20g，112.6℃灭菌 30min，保存于 4℃冰箱备用。制作固体培养基时，加入 2% 琼脂粉，112.6℃灭菌 30min，即可。

经试管培养的产朊假丝酵母，白地霉、酿酒酵母、米曲霉和烟曲霉分别转入 1 000ml 摇瓶，放恒温恒摇床培养，温度为 25～30℃，转速为 150～180r/min，培养时间为 48～96h；经过摇瓶培养的产朊假丝酵母，白地霉、酿酒酵母、米曲霉和烟曲霉分别按重量比例的 5%～10% 接种量分别接入种子罐培养，培养温度 25～30℃，培养时间 24～48h；经种子罐培养后所得产朊假丝酵母，白地霉、酿酒酵母、米曲霉和烟曲霉分别按重量比例 5%～10% 接种量接入到发酵罐进行培养，培养温度为 25～30℃，培养时间为 48～72h，即为菌种悬液。

经三级培养所得菌种产朊假丝酵母、白地霉、酿酒酵母、米曲霉和烟曲霉菌悬液分别按 1:1:1:1:1 的体积比例混合，即得到所述的复合微生物。

3. 发酵原料的制备

发酵原料按照重量百分比计，包括：鲜番茄渣占 80%，辅料小麦麸占 18%，尿素占 1% 和硝酸铵占 1%。

4. 菌种接种及制备工艺流程

所述的复合微生物按发酵原料重量 1% 的接种量与灭菌小麦麸经常规载体化技术制成固体混合菌剂。

将固体混合菌剂与鲜番茄渣、硝酸铵和尿素搅拌均匀后，进行固体发酵，固体发酵堆积高度为 50cm，发酵时间 48～72h，发酵温度为 25～30℃，当发酵温度升至 40～46℃，且有较浓重的酸香味，发酵结束。

将发酵产物采用干燥机烘干后，控制水分含量小于 13%，将干燥好的物料经粉碎或制粒后，即成为微生物蛋白饲料。产品中粗蛋白含量达 29%，真蛋白达到 20%。

四、番茄渣饲料肉羊饲喂技术

由于番茄渣水分含量高，酸度较大，在肉羊养殖过程中，不宜直接大量进行单独饲喂，将鲜渣作为粗饲料，替代日粮中部分苜蓿草和青贮玉米等，设计成优化日粮配方，饲喂肉羊。降低饲料投入成本的同时，提高肉羊生产性能。

饲料原料由玉米、豆粕、棉粕、葵花粕、食盐、预混料、苜蓿草、小麦秸、玉米秸秆、果渣、青贮玉米等组成。番茄渣与其他饲料原料按以下重量百分比组成：玉米 12% ~ 15%，小麦麸 2% ~ 3%，葵花粕 3% ~ 4%，食盐 1%，预混料 1%，苜蓿草 4% ~ 10%，番茄渣 58% ~ 68%，小麦秸 8% ~ 10%；控制全价饲料水分 45% ~ 55%，按日饲喂量加入 0.5% ~ 1% 的食用碱，充分混合，制成全混合日粮，饲喂肉羊（图 4 - 5、图 4 - 6）。

肉羊鲜渣饲喂量 0.8 ~ 1.8kg/d 为宜，肉羊预饲期 9 ~ 12d 后，可正常饲喂。使用含鲜渣日粮羊日增重可达到 150 ~ 250g/d。

图 4 - 5　菌种堆积发酵

图 4 - 6　番茄渣喂绵羊

第二节　醋糟的加工与利用

醋糟是麦麸、高粱及少量碎米等原料经发酵酿造，提取醋后剩余残渣。干醋糟营养含量丰富，是一种绵山羊可以利用的丰富饲料资源。但新鲜糟渣饲料含水量大、酸度高、易腐败、不利于贮存，长期和过量使用育肥羊导致腹泻、消化不良，母羊酸中毒、流产，造成一定经济损失。在肉羊生产中，需要采用不同加工调制技术，合理利用醋糟，提高醋糟的营养价值和延长保存时间，使之变废为宝，既减少了其发酵的碳排放，保护环境，又可降低养殖成本，增加经济效益。

一、醋糟的资源现状

我国酿醋业非常发达，全国食醋生产企业有 6 000 家，食醋年产量约 250 万 t，每生产 1kg 食醋可产生醋糟 0.8kg，其酿醋副产品醋糟的产量约 200 万 t。其中，山西、江苏、河北、山东、天津和四川等省份的醋行业比较发达。山西省 2011 年食醋产量达 73.54 万 t，山西省醋糟产量约在 58.8 万 t；另外，全国年生产万吨以上的企业仅有 18 家，大多数企业的规模小，不具备处理糟渣的能力，导致大量的醋糟随意堆放，自然发酵，严重污染周边的环境。

二、醋糟营养价值

（一）醋糟的营养价值

醋糟是玉米、高粱等原料酿醋后的残渣，营养含量丰富。醋糟常规营养成分分析结果见表 4-3。但由于加工过程中用稻壳作垫料，醋糟中稻壳和高粱壳含量高，导致其粗纤维含量高，且纤维素的中性洗涤纤维和酸性洗涤纤维含量都高，分别为 79% 和 71%。

表 4-3　醋糟常规养分含量表　　　　　　　　　　　　　　　　　（%）

项目	干醋糟 山西太原	干醋糟 山西太谷县	醋糟* 江苏镇江
DM	90.2	91.3	—
CP	7.1	12.1	6~10
EE	9.3	4.9	2~5
CF	16.5	32.1	—
NFE	48.6	32.9	20~30
ASH	10.0	12.3	13~17
Ca	0.16	0.16	0.25~0.45
P	0.12	0.06	0.16~0.37

醋糟的氨基酸含量也较丰富，氨基酸不平衡，不含有必需氨基酸胱氨酸、亮氨酸、异亮氨酸和色氨酸，精氨酸含量低。不同的加工方式其氨基酸含量也有差异。氨基酸含量详见表 4-4。

表 4-4　醋糟中氨基酸含量表　　　　　　　　　　　　　　　　　（%）

项目	熏醋糟（山西太原）	醋糟（山西太谷）
蛋白质含量	6.7	11.3
天门冬氨酸	1.89	0.80
苏氨酸	0.63	0.35
丝氨酸	0.33	0.52
谷氨酸	2.39	2.29

（续表）

项目	熏醋糟（山西太原）	醋糟（山西太谷）
甘氨酸	0.90	0.45
丙氨酸	1.13	0.74
胱氨酸	—	—
缬氨酸	0.34	0.63
蛋氨酸	0.37	0.08
异亮氨酸	—	—
亮氨酸	—	—
酪氨酸	0.20	0.07
苯丙氨酸	0.72	0.54
赖氨酸	0.98	0.64
组氨酸	0.52	0.25
精氨酸	0.05	—
脯氨酸	0.55	0.76
色氨酸	—	—

醋糟中含丰富的 B 族维生素和微量元素铁、锌、硒、锰等，也含有未发酵淀粉、糊精、有机酸等。

（二）营养特性

醋糟中含有醋酸，有酸香味，能增加动物的食欲，但不能单一饲喂，最好与碱性饲料混喂。醋糟中蛋白质含量相对比较高，纤维含量高，但消化率低，能值较低。在使用时应与高能量饲料配合使用，羔羊阶段不宜使用。

霉变的醋糟有害成分甚多，适口性差，应禁止使用。

三、醋糟的加工与贮藏

新鲜醋糟水分含量大，易腐败变质，失去饲用价值，因此，应采取有效的措施，及时贮藏。下面介绍几种醋糟的贮藏方法。

（一）干醋糟加工

新鲜醋糟水分含量大，自然干燥需时长，需经常翻动，否则会发霉变质，产生霉菌毒素；较好的方法是先将醋糟离心至半干，然后自然干燥，或直接人工干燥。该方法适用于夏季，将每日剩余的醋糟干燥贮存。

（二）厌气贮藏

醋糟贮存池一般为深、宽各 3m，长度 5 ~ 6m，池的底层和四壁用砖砌好即可，砖壁可吸水，对醋糟的贮存有利。每日运回的鲜糟直接装池，边装边压实，装满后用塑料膜密封，该方法保存的醋糟可保持 1 ~ 2 年。除用窖贮外，还可采用堆贮或缸贮。取用时，由池边开口，竖式取用直至池底，切忌揭开塑料膜平行取糟，单层饲喂。

（三）分层沉淀贮藏

将新鲜的醋糟置于贮存池中，过 2~3d 后表层渗出清液，将清液除去后，再填加入新鲜醋糟，就这样层层添加，最后一次清液保留下来用以隔离空气，然后加盖遮阴。该方法保存的醋糟气味好，营养价值也较鲜糟高。

（四）混合青贮

将醋糟与秸秆粉、干草或玉米芯粉等粗饲料按照 60∶40 比例混合发酵后使用，发酵时间 60d 后青贮效果最好。既可降低醋糟的水分含量，又可软化秸秆，提高秸秆的适口性和消化率。

1. 混合青贮加工的步骤

（1）秸秆揉丝 将秸秆用装有孔径 12mm 筛子的揉丝机揉丝后备用。在肉羊生产中，为保证瘤胃正常的生理功能，秸秆不宜粉得太细。

（2）混合 将 40% 秸秆粉、59% 新鲜的醋糟和 1% 的尿素混合均匀。

（3）装填与压实 在窖的底层，放置一层干玉米秸秆，以吸收过多的水分；然后将混合好的醋糟秸秆粉填入贮存池或窖内，装填时要逐层平摊，逐层压实，压得越紧，空气排出越彻底，越有利于保存。

（4）封盖 原料装满压实后，要及时进行封盖。封盖一般用塑料薄膜覆盖，薄膜上面再压上 30~40cm 左右沙土。封盖的目的是为了把原料压紧、封严，使空气和水不能进入。封盖后如出现下沉或裂缝要及时加土，防止透气漏水。

2. 混贮品质的鉴定

（1）气味 醋糟混贮后具较浓的酸味或芳香味，气味柔和，不刺鼻，给人以舒适感。如果带有刺鼻臭味如堆肥味、腐败味、氨臭味，则说明饲料已变质，不能饲用。

（2）颜色 由于干玉米秸秆为黄色，醋糟黑色或深褐色，混合青贮后颜色也较深，呈暗褐色。

（3）质地 品质良好的混贮饲料压得非常紧密，拿在手中却较松散，质地柔软，略带湿润。相反，如果青贮饲料粘成一团，好像一块污泥，或者质地松散干燥粗硬，这表示水分过多或过少，品质差。发黏、腐烂的青贮饲料是不适于饲喂绵羊的。

（五）醋糟生物发酵饲料

醋糟本身的蛋白质含量相对较低，且纤维素含量高，将其作为粗饲料饲喂肉羊，其消化率低，适口性差，可通过微生物生物发酵的方法改善其适口性，提高其营养价值。醋糟可以用单菌发酵，也可以使用多菌偶联协同发酵。

1. 菌种的准备

（1）酵母菌的准备 可用于醋糟发酵的酵母菌种有热带假丝酵母、产朊假丝酵母、酿酒酵母，常见的安琪酵母也可以用于醋糟的发酵。菌种用马铃薯葡萄糖琼脂培养基活化。

（2）真菌的准备 可用于醋糟发酵的真菌种类有白地霉、白腐真菌和米曲霉菌。使用前菌种用马铃薯葡萄糖琼脂培养基活化。

（3）细菌的准备 可用于醋糟发酵的细菌种类有地衣芽孢杆菌和枯草芽孢杆菌。

2. 偶联发酵菌种的筛选

（1）醋糟平板培养基的准备 将新鲜的醋糟在干燥箱中 65℃ 条件下烘干，然后粉碎，称取20g烘干后粉碎醋糟，加入300ml水煮开，1min分别取100ml，加入硫酸铵0.1g、磷酸二氢钾0.02g、琼脂2g，调节pH值为6.0，倒平板。

（2）接种　平板分别接种活化后的地衣芽孢杆菌、枯草芽孢杆菌、热带假丝酵母、产朊假丝酵母、酿酒酵母、安琪酵母、白地霉、白腐真菌、米曲霉菌和柳小皮伞10个菌种的单菌或双菌组合，培养观察生长情况，测定其纤维素酶活性。

（3）适宜醋糟发酵的菌种　根据醋糟平板培养试验菌种的生长势和测定的纤维素酶活的结果，单菌发酵使用地衣芽孢杆菌、酿酒酵母、米曲霉；双菌联合发酵可采用地衣芽孢杆菌＋酿酒酵母、枯草芽孢杆菌＋安琪酵母，酿酒酵母＋白腐真菌、酿酒酵母＋米曲霉和白腐真菌＋柳小皮伞共5个组合。

3. 醋糟的生物发酵

（1）原料的准备　醋糟发酵的原料有：新鲜醋糟、玉米秸秆粉、玉米面或麸皮、硫酸铵。

（2）混合　按照醋糟89%，玉米面或麸皮10%，硫酸铵1%的比例混合均匀。

（3）接种　将混合菌种接种到上述（2）混合物后拌匀。

（4）装填和压实　将混合物装填入贮存池内，并压实。

（5）封盖　用塑料薄膜覆盖，薄膜上面再压上30～40cm左右沙土。

4. 发酵醋糟的品质评定

（1）气味　使用酵母菌发酵后的醋糟有浓郁的酒香味。如果带有刺鼻臭味，如腐败味、氨臭味，则说明发酵失败，不能饲用。

（2）质地　发酵好的醋糟拿在手中较松散，质地柔软，略带湿润。相反，如果粘成一团，好像一块污泥，或者质地松散干燥粗硬，说明发酵失败。发黏或腐烂的发酵醋糟不适合饲喂绵羊的。

5. 发酵醋糟的营养价值

醋糟经微生物发酵后，蛋白质由11%提高到15%，蛋白质中菌体蛋白的含量增加，蛋白质的组成得到了优化；中性洗涤纤维由79%降低到68%，酸性洗涤纤维由71%降低到67%。醋糟发酵后，不仅提高了其营养价值，还改善了其适口性。

四、醋糟的饲用技术

1. 鲜喂

将新鲜醋糟与丝状秸秆粉混合使用，醋糟的水分也显著降低，而秸秆因吸收醋糟水分而软化，这样即可防止醋糟的腐败，也可提高秸秆的营养价值。

2. 干喂

将风干后的醋糟，按照10%～15%的比例与精饲料混合使用，育肥效果良好。山西农业大学课题组选用体重24kg的晋中绵羊羔羊30只，分3组，各组基础日粮相同，分别添加0%、10%和15%干醋糟，观察并记录各组育肥羊的生长情况，结果表明，补饲10%和15%醋糟的试验组平均日增重比对照组提高18.1%和14.6%。

3. 发酵醋糟饲喂

应先从少量发酵醋糟料拌精料喂起，由少到多逐渐增加。一般开始饲喂到添加至正常量需10～15d。发酵醋糟与其他原料做成TMR日粮，饲喂效果最好。将发酵醋糟25%、玉米秸秆粉35%、混合精饲料38%、食盐0.5%、磷酸氢钙0.5%、微量元素和维生素添加剂1%，按照一定的比例混合为育肥肉羊用全混合日粮，育肥羊的平均日增重在180~260g，育肥期饲养成本大大降低。

第三节　菌糠饲料的开发与利用

菌糠，蘑菇收获后废弃的培养物料与残留菌体的混合物。近年来，随着养殖业特别是肉羊产业的迅猛发展、饲料资源的严重不足，菌糠也逐渐成为人们关注的一种新型饲料资源。经过食用菌的生长代谢过程，菌糠饲料的粗蛋白含量明显提高、粗纤维水平显著下降，其中的主要有害物质棉酚也被大量分解。因此，科学合理地开发菌糠饲料不仅可以变废为宝，促进资源的多层次利用减少环境污染，而且还可以降低饲料成本提高经济效益。

一、菌糠资源的现状

食用菌的营养功效逐渐被人们认可，随之带来的是食用菌的规模化生产。据报道，我国食用菌生产量居世界前列，年产量不少于400万t。这就意味着每年菌糠产量也不低于300万t。但是，由于人们对菌糠的可利用性认识不足，及处理方法的不合理，使菌糠或霉变，或废弃田间，或仅作为生活燃料，造成了资源的浪费和环境的污染（图4-7）。

图4-7　阿魏菇菌糠

近年来，随着养殖业的不断发展饲料资源的开发与有效利用尤为必要，人们也逐渐地关注到菌糠这个新型资源，并开始对菌糠进行研究与开发，使其逐渐表现出了饲用的优势。

二、菌糠营养价值及其安全性

（一）营养价值

菌糠是一些食用菌的菌丝残体及经食用菌分解的培养料，其中大部分是纤维素、半纤维素和木质素的复合物。据测定，收菌后的菌糠粗纤维降解了50%，木质素降解了20%，而粗蛋白则由原来的2%提高到6%~7%，矿物质元素也得到了较大的改善。此外菌糠中还有丰富的氨基酸、多糖及多种微量元素，其气味芳香。

菌糠的营养成分与多种因素有关，如栽培料的成分菌种及其培养环境等。几种常见菌糠的营养成分见表4-5。

表4-5　几种常见菌糠的营养成分　　　　　　　　　　　　　　（%）

菌糠	粗蛋白	粗纤维	粗脂肪	灰分	无氮浸出物	钙	磷
棉籽菌糠	13.61	31.56	4.20	10.89	33.01	0.21	0.07
秸秆菌糠	12.69	14.90	4.56	19.10	39.63	—	—
醋糟菌糠	9.85	30.00	16.35	16.35	—	1.69	0.49
稻草菌糠	8.73	15.84	0.95	38.66	23.75	2.19	0.33
木屑菌糠	6.75	19.80	0.70	37.82	13.81	1.81	0.34
玉米芯菌糠	8.5	2.00	4.00	1.40	70.00	0.02	0.25

（二）安全性

棉籽壳菌糠中棉酚含量不足0.1%，有机磷含量也在允许的范围以内。用棉籽壳菌糠饲喂卡拉库尔羊，并进行毒性分析，经组织病理学检查，心、肝、肾、脾、肺外观正常，重量相近，无病灶。分析肉的棉酚含量，结果表明，其符合国家食品卫生标准。此外，菌糠中含有大量的菌丝体及其代谢产物，有增强动物抗病力的作用。

三、菌糠饲料制作技术

（一）机械处理

菌糠的粗纤维含量在20%左右，一般可作为牛、羊等草食动物的粗饲料，当作为饲料直接饲喂动物时应进行适当的机械加工。

其基本方法是，选择收过3~4茬菇后，菌丝洁白，料块结实，无污染，无腐烂的菌糠胚子，将其打碎晒干或烘干后，再粉碎成粒状或粉状后，包装备用即可（图4-8）。

图4-8　粉碎后的阿魏菇菌糠

（二）生物处理

菌糠原料基质中粗纤维含量明显高出粗蛋白数倍，这样必然会影响菌糠的饲用性能，阻碍动物对营养物质的消化吸收。为了更好地利用菌糠中的营养成分，目前，主要是利用微生物发酵作用进一步降解纤维素、半纤维素和木质素，同时，微生物还可产生有机酸类等营养物质，使菌糠具有更高的饲用价值。

其基本工艺为，挑选适宜的菌糠干燥粉碎后，加入一些适宜有益菌生长利用的营养物质（高糖类），然后将选好的饲料酵母等无害微生物接入菌糠中进行固态发酵，发酵完毕后摊晾、干燥，即可制得菌糠发酵饲料。

四、菌糠肉羊饲喂技术

单独将菌糠直接投喂给绵羊、山羊，动物可能拒食。将粉碎好的菌糠，加入1%的啤酒糟或大蒜素、0.05%的甜味素经适口性处理后，以35%~45%比例与其他精、粗饲料配制成混合日粮饲喂肉羊，在暖圈最低温度 -5~10℃的情况下，可获得育肥羊日增重240g以上；当其在日粮中的比例为55%~65%时，亦可满足绵山羊的维持需要。育肥羊菌糠饲料日粮配方参见表4-6。

表4-6 育肥羊蘑菇菌糠日粮配方

项目	生长水平		维持水平	
	配方1	配方2	配方3	配方4
玉米（%）	39	37	27	22
苜蓿（%）	10	5	5	0
葵花粕（%）	4	3	3	3
棉粕（%）	10	8	8	8
菌糠（%）	35	45	55	65
食盐（%）	1	1	1	1
预混料（%）	1	1	1	1
营养水平				
消化能（MJ/kg）	9.60	9.49	9.12	8.93
粗蛋白（%）	14.36	13.05	13.07	12.68
钙（%）	0.54	0.56	0.58	0.61
磷（%）	0.46	0.46	0.48	0.49

此外，鉴于菌糠饲料成本低的特点，可将其制成颗粒饲料以备冷季抗灾保畜使用。

第五章 木本饲料的营养价值和利用技术

第一节 我国主要饲用木本类植物资源饲料化 利用现状及存在的问题

一、我国主要木本类饲用植物资源

（一）我国饲料资源面临的问题

当前我国畜牧业取得快速的发展，各种家畜的饲养数量和品种质量都有了很大程度的提高。但是，在畜牧业发展的同时，我们也无可避免的面临着全国范围内都存在的饲料紧缺或利用率低等问题。饲料占养殖业生产成本的70%左右，是畜牧业科技进步的主要因素。因此，在发展畜牧业的同时，必须同时考虑如何利用现有未被利用或者未被开发的资源，开辟新型的饲料资源，来解决人畜争粮的问题。从这个角度上讲，中国的粮食问题实质上是饲料用粮问题。因此，饲料总量是否充足，是直接关系到动物性食品的供应总量和国家粮食安全的长远战略问题。因此，因地制宜的开发本地区的可利用和可转化的饲料资源，是解粮食短缺问题的有效途径。

只有优质的安全的饲料来源做为前提和保证，才能解决饲草料缺乏，特别是优质蛋白类粗饲料资源缺乏的问题，才能够获得优质安全的畜产品，保证人类食品的安全性和营养性。

（二）我国的木本类植物资源

我国的木本类植物资源十分丰富，从北到南都有野生的灌木、半灌木分布。尤其是在干旱、半干旱地区的山地、丘陵、沙漠以及荒漠地带分布有大量灌木植物，形成了天然灌木、半灌木草原。根据其生活特点、饲用价值和生态价值的多样性，饲用灌木可分为灌木豆科、半灌木豆科、半灌木蒿类、小叶灌木、阔叶灌木；根据株高和叶形，灌木类饲用植物可分为宽叶灌木、小叶灌木、无叶灌木、肉质叶灌木、鳞叶灌木、中灌木和针叶灌木等等。北方的锦鸡儿属（Caragana）、胡枝子属（Lespedeza）、高山柳（Oritrephe）、桑属和南方的刺灌丛都是较为重要的灌木类群。近年来，国家在沙漠治理过程中，人工种植了许多灌木，建立人工灌木草地。如内蒙古大力种植的柠条锦鸡儿、沙柳、沙简、羊柴；山西着重发展柠条、沙棘；陕西重点推广柠条、羊柴、紫穗槐；宁夏和甘肃发展沙蒿、花棒、梭梭；新疆重视发展优苔蔡、木地肤等。我国灌木林主要分布在我国北方地区，有力地保障了当地经济的发展，改善了生态环境。

（三）发展木本饲料的必要性

要解决我国动物蛋白的生产和供应问题。主要依靠我国农区来发展畜牧养殖业。但我国农村人均耕地仅0.08hm²，种植业难以提供足够的饲料用粮。草原虽面积高达4亿hm²，但受地理和气候条件限制，适宜放牧的时间短，平均载畜率低，长期以来，盲目开荒及超载过牧，使得草地资源不断被破坏，草畜矛盾十分尖锐。饲料缺乏是我国畜牧业发展的主要限制因子。我国在今后几年精饲料年缺口量将达 5 000 万 t 左右，整个饲料资源供求关系具有精饲料缺、蛋白质饲料缺、绿色饲料缺、总量不足，即"缺一不足"的特征。我国现在每年要用 500 多亿千克粮食做饲料，由于粮食不足，又不得不拿出大量外汇进口粮食，如果大力开发"空中牧场"，用木本饲料代替粮食，将会节约大量外汇。此外，我国蛋白质饲料一直缺乏，当前只能满足需求总量的 50% 左右。国外有关研究资料表明，如果家畜饲料中可消化蛋白质缺少 20% ~25%，畜产品就会减少 30% ~40%，饲料消耗量和畜产品成本则增加 30% ~50%。随着用动物来源饲料饲喂反刍动物被禁止，木本植物作为饲料"绿色蛋白"的作用会更加突出。

（四）发展木本饲料的有利条件

我国是一个多山的国家，2/3 的国土面积是山地，有各种不同的自然环境条件，具有发展木本饲料的优越条件。从传统和习惯来看，根据在我国南方农村的调查，传统上我国农村就有利用木本饲料的传统，特别是在冬季或旱季，其他饲料不足时，基本上靠木本饲料植物来维持牲畜的生长。从木本饲料资源来看，我国有木本植物 8 000 余种，其中可以用作饲料的约 1 000 多种，是世界上木本饲用植物资源最丰富的国家之一。其中，以乔木的种类最多，其次是灌木、半灌木和竹类植物。乔木饲用植物年均可提供枝叶饲料 5 亿 t，灌木和半灌木饲用植物约 500 多种。随着林业建设和森林保护的发展，我国植树造林规模和速度均居世界第 1 位，木本饲料发展潜力激增，预计到 21 世纪 30 年代，森林面积可达到 1.6 亿 ~1.8 亿 hm^2，每年提供的木本饲料资源（各种树叶、木材加工下脚料、间伐或营林中产生的嫩枝）将突破 10 亿 t。我国目前木本饲料的蕴藏量约 3 亿 t，种类多，发展潜力大，营养价值也较高。如果其产量的 1/5 用作饲料，就相当于目前全国饲料用粮的 3 倍。

二、木本类植物的饲料化利用现状

（一）木本饲料发展概况

我国对木本饲料资源的利用历史悠久，在一些农区和山区仅次于农副产物。但由于我国是以分散的小农经济为基础的国家，在过去很长一段时期科学技术相对比较落后，因此，对林业饲料资源的利用方式主要是放牧牛羊等草食性家畜直接寻食落叶，其次，是人工采集鲜叶和收集落叶直接饲喂，或经过粗加工，与秸秆、精料调制后饲喂畜禽。直到 20 世纪 70 年代后期，才着手对加工树叶饲料进行研究，1979 年中国林科院林化所与江苏农科院畜牧所共同研制利用桉树叶提取饲料添加剂，还开展了松针粉的研究。湖北宜昌饲料公司开发绞股蓝作饲料添加剂。1981 年，连云港市墟沟林场建成了我国第一家松针叶粉加工厂。到 1985 年底，我国建成投产的松针粉加工厂就有 35 个，当年共产松针叶粉 2 万 t。如今，我国新疆维吾尔自治区树叶利用率已达 20%，但全国乔木枝叶饲料的平均利用率仅为 1%。我国木材水解工业也很落后，在利用生物工程技术把林业木材废弃物转化为饲料酵母这方面基本上是空白。

（二）木本类植物的营养特性

内蒙古自治区（以下称内蒙古）自治区灌木、半灌木饲用植物种类比较多，占内蒙古维管束植物的 12.30%，占内蒙古饲用植物的 29.6%。根据在草场植被中参与度、利用状况，有人对 60 余种灌木、半灌木饲用植物的营养状况进行分析研究，仅从粗蛋白质、粗纤维素的含量而言，它们的含量高于禾本科牧草的含量。对粗蛋白质含量进行比较，中间锦鸡儿（营养期22.48%）、小叶锦鸡儿（花期23.09%）、矮锦鸡儿（营养期20.85%）、塔落岩黄芪（营养期25.41%）、蒙古岩黄芪（花期21.81%）、胡枝子（营养期19.29%）、驼绒藜（营养期22.28%）、冷蒿（营养期21.82%）的粗蛋白质含量明显超过禾本科牧草中营养价值比较高的羊草的粗蛋白质含量（营养期17.18%）。研究者把60余种灌木、半灌木饲用植物的粗蛋白质含量按科排列如下：豆科饲用植物含量最高（16种平均值19.83%），排首位；其次，为藜科饲用植物（9种平均值16.42%）。虽然按科为单元进行排序有上述状况，但有些灌木和半灌木饲用植物，如藜科的驼绒藜、华北驼绒藜、菊科的冷蒿、差不嘎蒿，以及蒺藜科的球果白刺、霸王的粗蛋白质含量均在16%以上，其中，驼绒藜的粗蛋白质含量高达24.45%（开花期）。

饲用灌木类植物不仅粗蛋白含量高，而且还富含家畜生长所必需的氨基酸、微量元素、钙、粗脂肪和无氮浸出物。

（三）饲用木本类植物的饲用价值

有关研究表明，木本饲料的粗蛋白含量比禾草饲料高54.4%，钙的含量比禾草饲料高3倍，粗纤维则比禾草饲料低62.5%，灰分和磷的平均含量相近。木本饲料的可消化养分也远远高于作物秸秆，仅比草本饲料稍低。木本饲料的受益时间非常长，大多数木本饲料树一经种植，经过5~10年就进入盛产期，只要经营得当，每年都有较高而稳定的收获，同等面积上饲料林的产量可比草本高2~4倍。在半干旱和干旱地区，尤其在年降水量少于400mm的地区，灌木和乔木的幼嫩枝叶是饲料的重要来源。饲用灌木类植物不仅营养成分丰富、含量较高且生物量高、适口性好，牛羊猪都喜食，特别是山羊对灌木嫩枝叶的采食量占全部日粮的50%~80%，甚至单一采食灌木类植物。其大部分嫩枝叶富含蛋白质，并含有丰富的矿物质和维生素，有些灌木的营养成分优于豆科牧草，如银合欢、多花木兰、沙棘、木豆、紫穗槐等鲜叶的CP含量占干物质的21%~24%，比盛花期的紫花苜蓿高，紫穗槐叶粉和槐叶干粉还富含氨基酸、维生素、尤其是胡萝卜素和维生素B$_{12}$含量很高。多花木兰枝叶、营养成分丰富，饲用价值高，种子产量高，猪体内消化率可达到50%~70%。李延安等研究表明胡枝子粗蛋白含量在16%以上，有机物质消化率达到55%，且富含维生素，各种氨基酸含量平衡，生物量为15 000 kg/hm^2，既可鲜叶饲喂，又可制成叶粉，王政宇研究了胡枝子属、锦鸡儿属中9种灌木叶片的营养成分和适口性，指出灌木富含蛋白质的叶片或种子作为动物的蛋白饲料或添加剂是完全可行的。锦鸡儿由于具有较高的粗蛋白含量，被誉为荒漠地区的"救命草"。董玉珍等表明，南方刺灌丛粗蛋白含量较高，适口性好，分布广，是南方3 600万只山羊的重要饲料来源。另据研究表明，不少饲用灌木氨基酸总量高于小麦麸，而且部分豆科灌木的氨基酸含量可接近豆类是植物蛋白饲料理想的原料来源。

三、木本类植物饲料化利用中存在的问题

灌木类饲用植物作为粗饲料营养价值较高，但这类饲料的利用还存在着局限性，即存在抗营养因子。国外大量研究表明，主要原因是灌木类饲用植物富含酚类物质，在极端环境条件下植物中的单宁含量增加。在一些热带和亚热带地区，灌木和牧草中单宁含量的高低直接关系到家畜的采食量和健康水平。如果认识不够或利用不当，会严重影响畜牧业生产水平。

1. 对灌木饲料资源开发利用的认识不足

虽然我国有利用木本饲料的传统，但却没有将木本饲料当成一种重要的资源来经营和开发。因此，在木本饲料的发展和利用中，首先应该转变观念，将木本饲料作为一种重要的饲料资源来研究和利用。

2. 科研和技术推广的距离性大

多年来，从高校到科研院所在灌木饲料开发上已经取得了一定的成果，但推广到广大农牧民养殖户及养殖企业的应用成果少，且缺乏延续性开发研究。应从实验室、实验站的传统方式研究中转向生产，应采用大规模的现场中试推广研究。

3. 饲料资源的开发

除了确定科研技术可行性，同时还要重视成本效益分析，在广大农牧民中是否具有推广价值。

4. 缺乏开发木本类植物饲料的配套设备

多年来木本植物的平茬设备、发酵调制设备缺少相关开发研究，导致该类饲料资源的开发受阻。

5. 木本饲料含有的一些不利于营养的成分

包括单宁、皂甙、非蛋白氨基酸等，未经处理会对饲养的牲畜产生毒害。

植物单宁的抗营养作用，可认为是多种因素综合作用的结果，单宁与植物蛋白结合成不易消化的分子复合物，降低了肠道微生物对氮的有效利用；单宁与植物细胞表面的一些大分子物质（如多糖、纤维素等）结合，降低了细胞壁或细胞膜的通透性，使得细胞内营养成分不易溶出被利用；单宁与口腔唾液蛋白结合，产生不良涩味，降低动物采食量；单宁与动物消化道内微生物分泌的酶相结合，使其丧失了活性，减缓饲料的消化速度，延长胃排空时间，降低摄食量；单宁对肠道微生物的广谱抑菌性，使动物对含单宁饲料的消化能力降低或者丧失。

（1）影响放牧家畜的采食量　高含量的单宁能与唾液蛋白、糖蛋白在口腔中相互作用，引起粗糙皱褶的收敛感和干燥感，产生涩味，使组织产生收敛性。家畜在自由采食情况下，通常会有选择地采食一些适口性较好的牧草，而当富含单宁的牧草分布比较广泛时，家畜的进食性会受到制约，进而降低草食家畜的采食量。Provenza（1995）发现，牧草中的缩合单宁含量超过3%时草食动物就会降低采食量。单宁还可与动物消化道分泌的消化酶及消化道内微生物分泌的酶结合，使其丧失活性，从而减慢饲料的消化速度，降低肠壁的可透性，延长胃排空时间，降低动物的摄食量。

（2）影响家畜对营养物质的消化水平　饲料中单宁含量较高时，可影响到动物对饲料中的蛋白质、纤维素、淀粉和脂肪的消化，降低食物或饲料的营养价值。单宁对反刍动物消化过程的影响非常复杂。单宁结构中的大量酚羟基团和芳香环基团与饲料及动物体内的蛋白质或酶的肽基、氨基以及羧基等以氢键的形式多位点结合，形成不易消化的复合物使肠道微生物对氮的有效利用率降低，导致饲料中养分的消化率下降；同时，单宁通过与生物体内的酶结合，使消化酶的活性降低，酶活性的抑制会造成营养物质很难被消化，最终使蛋白质在体内的代谢率降低。研究证实，反刍家畜采食单宁含量高的饲草时，会降低蛋白质、碳水化合物等养分的消化率。

（3）减弱瘤胃发酵　单宁除了与蛋白质结合、降低消化酶活性外，还可破坏菌膜组织、键和金属离子，从而减少瘤胃微生物数量，降低微生物对硫的利用效率，使微生物无法正常繁殖，最终影响瘤胃正常发酵功能。另一方面，单宁可阻止底物与菌酶结合，破坏菌膜组织，键合金属离子，从而减少瘤胃微生物数量，降低微生物对硫的利用效率，使微生物不能正常繁殖，影响瘤胃的正常发酵功能。

（4）毒性作用　当动物能自由地选择食物时，出现单宁引起中毒的可能性很小，口感和厌食效应能调整动物的采食取向。但当高单宁含量的食物是动物的唯一选择时，则有产生中毒可能，严重时甚至会导致牲畜死亡。研究发现，单宁本身对动物的毒性很低，动物采食单宁后的毒性，来自单宁在体内水解生成多种小分子酚类化合物，这些低分子的酚类化合物一部分可直接被瘤胃壁吸收，进入血液，一旦数量超过机体排毒解毒能力，并在血液及体液中蓄积达到一定阈浓度，会引起家畜中毒表现及一系列病理变化。当动物自由择食时，口感能调整动物的摄食取向，出现单宁中毒的可能性较小。但当给动物饲喂混合饲料或颗粒料时，其他饲料成分可能会掩盖单宁所产生的苦涩味，则有中毒的可能。

第二节　内蒙古荒漠地区主要木本类植物饲用价值的评价

一、内蒙古荒漠地区主要木本类植物概述

内蒙古地区有着丰富的植物资源，拥有种子植物 2 130 余种。其中，灌木、半灌木植物有 293 种。这些灌木、半灌木植物具有很高的饲料开发潜力和价值，而且是荒漠、半荒漠和干草原带放牧地的建群种，它们地上枝叶大多营养丰富，特别富含粗蛋白及灰分，在荒漠、荒漠草原和干草原地带是放牧家畜主要的饲草料。这些植物在当地反刍家畜饲养中作为饲料资源起着重要的作用。

内蒙古畜牧业发展的主导模式是以草原放牧畜牧业为主的产业，优质的天然牧草资源为广大农牧民养殖业的发展提供了优越的天然优势。但该地区季节性气候变化明显，牧草的产量和质量随季节变化较大，导致家畜在一年中 4~7 个月在枯草地上放牧，经常出现营养缺乏，暖季放牧增重效果差，冷季放牧只能勉强维持存活的状况。同时，放牧家畜本身因生理状况和年龄不同，其营养需求量呈动态变化，但牧草一岁一枯荣，幼嫩期、旺盛期、枯草期牧草的产量、营养成分变化幅度较大，草与畜动态变化模式的不同步，导致营养供给与绵羊需求相互脱节，即营养供需失衡。导致放牧家畜每年都遭受着周期性营养缺乏的折磨，致使放牧家畜生产水平较低而又具有很大的波动性。研究表明，同一种牧草在不同的生理阶段其营养成分的分配不断发生着变化，这直接影响着家畜的健康及生产性能。下文将内蒙古荒漠草原区的 12 种优势灌木植物不同生长期营养成分及动态变化进行分析，以了解这些主要饲用灌木类植物的营养成分的变化趋势，为合理开发及利用该资源提供科学的理论依据。

12 种灌木及半灌木类植物包括：大白柠条（*Caragana korshinskii* Kom）、中间锦鸡儿（*Caragana intermedia*）、沙棘（*Seabuckthorn*）、沙柳（*Salix psammophila*）、羊柴（*Hedy sarum leave mongolicum*）、花棒（*Hedysaram Svopaxium*）、胡枝子（*Lespedza bicolor* Turcz.）、木地肤[*Kochia prostrate*（L.）Schrad.]、驼绒藜[*Ceratoides lateens*（J. F. Gmel.）]、白沙蒿（*Artemisia gilifolia*）、油蒿（*Artemisia ordosica* Krasch）、冷蒿（*Artemisia frigida* Willd.）

二、内蒙古荒漠草原区主要木本类植物不同生长期营养成分动态变化

（一）木本类植物不同生长期营养成分动态变化数据

内蒙古自治区 12 种灌木植物在幼嫩期、旺盛期、枯草期的干物质（DM）、有机物（OM）、粗蛋白质（CP）、中性洗涤纤维（NDF）、酸性洗涤纤维（ADF）、酸性洗涤木质素（ADL）、粗灰分（Ash）的营养成分变化数据，做了分析统计，详见表 5 – 1、表 5 – 2、表 5 – 3 和图 5 – 1 所示。

表 5 – 1　幼嫩期灌木植物营养成分

样品名称	DM（%）	OM（%）	CP（%）	NDF（%）	ADF（%）	ADL（%）	Ash（%）
大白柠条	91.36 ± 0.08	81.45 ± 0.06	19.21 ± 0.12	48.17 ± 2.10	34.77 ± 0.82	8.66 ± 0.36	9.91 ± 0.06
中间锦鸡儿	90.47 ± 0.06	83.72 ± 0.04	20.90 ± 0.43	34.12 ± 0.38	24.66 ± 0.06	6.18 ± 0.78	6.75 ± 0.03
沙棘	92.28 ± 0.10	87.77 ± 0.11	16.81 ± 0.07	32.38 ± 0.24	25.47 ± 0.01	3.55 ± 0.37	4.51 ± 0.03
沙柳	92.43 ± 0.23	86.15 ± 0.01	10.07 ± 0.08	40.69 ± 0.05	30.89 ± 2.18	10.55 ± 0.78	6.28 ± 0.03
羊柴	91.51 ± 0.05	85.58 ± 0.04	14.64 ± 0.47	41.29 ± 0.96	33.08 ± 0.97	9.49 ± 2.01	5.93 ± 0.34
花棒	92.29 ± 0.08	82.43 ± 0.10	21.07 ± 0.05	37.52 ± 0.17	28.63 ± 0.18	5.11 ± 1.23	9.86 ± 0.00
胡枝子	92.28 ± 0.10	84.25 ± 0.06	13.72 ± 0.40	32.96 ± 0.41	30.82 ± 0.30	5.32 ± 0.26	8.03 ± 0.03
木地肤	92.57 ± 0.00	66.74 ± 0.10	19.69 ± 0.43	38.79 ± 0.64	28.08 ± 0.83	2.41 ± 1.10	25.83 ± 0.04
驼绒藜	91.56 ± 0.08	73.58 ± 0.04	19.62 ± 0.10	42.46 ± 0.91	25.20 ± 1.23	2.19 ± 0.45	17.98 ± 0.12
油蒿	90.22 ± 0.02	81.36 ± 0.03	11.47 ± 0.42	39.08 ± 1.10	26.15 ± 2.01	6.91 ± 0.98	8.86 ± 0.08
白沙蒿	91.16 ± 0.05	83.31 ± 0.11	9.66 ± 0.46a	33.78 ± 1.23	32.99 ± 1.02	7.87 ± 1.87	7.85 ± 0.06
冷蒿	92.27 ± 0.03	72.99 ± 0.08	17.24 ± 0.04	30.09 ± 1.58	28.98 ± 1.56	4.76 ± 1.25	19.28 ± 0.08
均值	91.70 ± 0.79	78.42 ± 10.8	16.18 ± 4.17	37.19 ± 5.78	28.90 ± 3.96	6.09 ± 2.70	9.62 ± 2.70

表 5 – 2　旺盛期灌木植物营养成分

样品名称	DM（%）	OM（%）	CP（%）	NDF（%）	ADF（%）	ADL（%）	Ash（%）
大白柠条	90.26 ± 0.05	82.99 ± 0.22	13.07 ± 0.00	49.29 ± 1.14	37.92 ± 0.35	10.18 ± 2.02	7.27 ± 0.20
中间锦鸡儿	89.56 ± 0.13	83.58 ± 0.14	19.59 ± 0.40	37.96 ± 0.48	25.56 ± 0.27	6.10 ± 0.16	5.98 ± 0.23
沙棘	89.55 ± 0.01	85.14 ± 0.09	11.42 ± 0.01	34.03 ± 0.19	21.73 ± 1.82	7.41 ± 0.27	4.41 ± 0.11
沙柳	91.22 ± 0.01	86.59 ± 0.22	7.03 ± 0.03	41.30 ± 0.39	31.40 ± 0.01	9.18 ± 1.09	4.63 ± 0.13
羊柴	90.16 ± 0.04	84.83 ± 0.16	12.31 ± 0.21	48.76 ± 0.81	35.85 ± 1.78	7.98 ± 0.62	5.33 ± 0.14
花棒	90.00 ± 0.01	84.06 ± 0.34	11.42 ± 0.45	48.83 ± 0.51	35.18 ± 0.58	9.09 ± 0.84	5.94 ± 0.30
胡枝子	90.56 ± 0.06	78.29 ± 0.32	11.48 ± 0.36	38.17 ± 1.03	35.44 ± 1.35	8.40 ± 0.97	12.27 ± 0.28
木地肤	88.72 ± 0.14	73.56 ± 0.26	17.84 ± 0.49	39.55 ± 0.18	29.49 ± 2.10	2.28 ± 1.20	15.16 ± 0.15
驼绒藜	89.59 ± 0.12	81.34 ± 0.21	13.78 ± 049	48.73 ± 0.34	31.56 ± 0.09	7.22 ± 0.57	8.25 ± 0.06
油蒿	92.22 ± 0.04	85.07 ± 0.20	10.13 ± 0.35	39.38 ± 0.06	30.78 ± 0.17	7.23 ± 0.68	7.15 ± 0.00
白沙蒿	90.62 ± 0.05	81.60 ± 0.18	8.68 ± 0.46	37.48 ± 0.72	25.69 ± 0.81	4.93 ± 0.53	9.02 ± 0.05
冷蒿	89.55 ± 0.17	81.79 ± 0.10	13.75 ± 0.48	46.21 ± 0.28	31.43 ± 0.38	7.11 ± 0.79	7.76 ± 0.04
均值	90.50 ± 1.25	82.45 ± 1.76	11.59 ± 2.59	42.95 ± 5.38	32.37 ± 2.24	6.62 ± 1.13	8.05 ± 0.79

（二）不同生长期灌木植物有机物和蛋白质含量的变化

从表5-1、表5-2、表5-3和图5-1可以看出，三个不同生长时期灌木植物风干样品的 OM 含量差异不显著，旺盛期（82.45±1.76）% >枯黄期（79.08±2.41）% >幼嫩期（78.42±10.8）%。12 种优势饲用灌木类植物所含粗蛋白含量随生长期的变化呈降低的趋势。幼嫩期的粗蛋白含量最高，花棒和中间锦鸡儿的粗蛋白含量最高分别达 21.07% 和 20.90%。随生长期延长，粗蛋白含量不断下降，各生长期间灌木植物的粗蛋白含量之间差异极显著（$p < 0.01$）。在整个生长期中以中间锦鸡儿（18.45±3.17）% 的平均蛋白质含量最高，其次，为木地肤（17.62±2.20）%、驼绒藜（15.34±3.75）%、大白柠条（14.82±3.82）%、花棒（14.09±6.05）%，以沙柳和白沙蒿的平均蛋白含量最低，分别为（7.80±2.00）% 和（8.65±1.04）%。

表5-3　枯草期灌木植物营养成分

样品名称	DM（%）	OM（%）	CP（%）	NDF（%）	ADF（%）	ADL（%）	Ash（%）
大白柠条	88.34±0.34	79.29	12.19±0.43	52.27±1.40	40.37±0.31	8.19±0.79	9.05±0.17
中间锦鸡儿	89.54±0.12	82.83±0.18	14.87±0.29	45.79±1.82	34.09±0.18	8.84±0.18	6.71±0.23
沙棘	72.45±0.02	85.85±0.09	10.66±0.18	37.90±1.27	25.81±1.94	10.61±0.39	4.13±0.11
沙柳	93.09±0.02	87.41±0.08	6.30±0.26	52.67±2.03	33.65±0.56	10.23±1.53	5.68±0.02
羊柴	90.74±0.18	85.79±0.22	8.21±0.04	56.19±0.13	42.85±0.91	12.82±0.67	4.95±0.11
花棒	88.53±0.29	83.55±0.09	10.66±0.04	57.65±0.08	44.09±0.28	14.15±2.05	4.98±0.03
胡枝子	90.87±0.04	85.25±0.23	9.55±0.34	55.26±0.39	40.73±0.81	10.62±1.04	5.62±0.15
木地肤	90.59±0.10	79.14±0.11	15.31±0.17	52.49±1.47	34.16±1.95	6.33±0.69	11.45±0.05
驼绒藜	89.13±0.06	79.29±0.07	12.63±0.08	50.12±0.33	32.05±0.03	7.45±0.82	9.84±0.06
油蒿	83.78±0.09	82.26±0.23	9.12±0.46	40.94±1.21	31.72±2.00	9.19±0.64	8.60±0.13
白沙蒿	87.22±0.14	78.26±0.17	7.59±0.44	48.47±0.05	36.82±1.98	11.01±1.28	8.96±0.07
冷蒿	91.11±0.05	76.51±0.23	10.40±0.47	54.13±1.94	42.07±2.01	12.42±1.98	14.6±0.27
均值	89.58±1.80	79.08±2.41	9.94±2.13	48.42±5.52	35.67±4.86	10.02±2.16	10.50±2.78

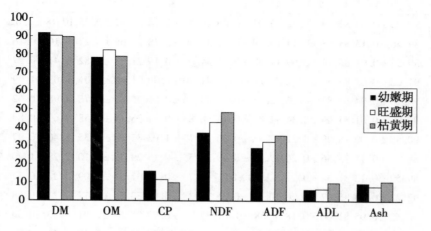

图5-1　12 种灌木植物不同生长时期化学指标平均值变化规律

从分析结果还可以看出，在整个生长季的不同营养时期 CP 变化较大，沙棘的平均偏差高达 ±6.05，其次，大白柠条、驼绒藜、冷蒿、沙棘等植物在不同营养时期 CP 变化也较大，这也是造成灌木植物老化速度快，放牧饲用期短的主要原因。根据彭玉麟（2000）报道，日粮蛋白水平为 8.87% 时，即可满足理想的产绒性能。由此可知，在荒漠化草原放牧条件下，从幼嫩期到枯黄期，当绵羊以这些植物为采食对象时，其粗蛋白含量完全可以满足绵羊的正常生长所需的蛋白量。

（三）不同生长期灌木植物纤维成分及灰分含量的变化

从表 5-1、表 5-2、表 5-3 可知，随着生长期的延长，各种植物的 NDF、ADF 和 ADL 的含量变化均呈上升的趋势。幼嫩期灌木类植物 NDF 含量最低，生长期延长则 NDF 含量渐增，枯黄期花棒 NDF 含量达 57.65%，其次是羊柴。并且生长期间各灌木植物 NDF 含量差异极显著（$p < 0.01$）。各灌木植物 NDF 平均含量为 38.10% ~ 49.91%，大白柠条、花棒、羊柴、驼绒藜和沙柳 NDF 含量较高，分别为 49.91%、48.00%、48.75%、47.10% 和 44.89%。不同生长期 ADF 含量随生长期的变化而变化，幼嫩期灌木类植物 ADF 含量最低，随生长期的延长 ADF 含量逐渐增加，枯黄期花棒 ADF 含量最高，能达到 44.09%，其次，是羊柴。并且生长期间各灌木类植物 ADF 含量差异极显著（$p < 0.01$）。ADL 平均含量最高为羊柴 10.10%，其次，是沙柳 9.94%，最低为木地肤 3.67%。整个生长期粗灰分含量差异不显著，灰分含量高峰在枯黄期，为 10.50%，其次是幼嫩期（9.62%），含量最低的是生长旺盛期（8.05%）。

（四）不同生长期营养成分动态变化总体概述

1. 不同放牧期（幼嫩期、旺盛期和枯黄期）牧草 OM 含量分别为 77.74%、78.24% 和 78.45%，呈逐渐升高的趋势。NDF 含量依次为 37.21%、39.13% 和 55.63%，随着牧草生长逐渐升高，ADF 和 ADL 含量具有相似趋势。但是，ADL 含量在幼嫩期略高于旺盛期，枯黄期明显升高。蛋白质含量依次为 15.32%、17.00% 和 9.89%，平均 14.07%，枯黄期蛋白含量最低，但是，均高于报道的绒山羊产绒期蛋白需要量 8.87%。

2. 荒漠地区几种主要灌木类植物粗蛋白含量随着生长期有下降趋势，且差异极显著（$p < 0.01$）。在生长期间粗蛋白平均含量为 7.80% ~ 18.45%，除了白沙蒿和沙棘外，其余灌木粗蛋白含量均在 10% 以上。粗脂肪平均含量为 1.77% ~ 6.59%。最高的是油蒿。灌木类植物中除了驼绒藜以外粗脂肪平均含量高于紫花苜蓿。

3. NDF 和 ADF 含量随着生长期逐渐上升，而且差异极显著（$p < 0.01$），ADL 变化不明显。NDF 平均含量为 38.10% ~ 49.91%，ADF 平均含量 29.34% ~ 37.69%，含量最高的均为大白柠条，最低的为沙棘。NDF 和 ADF 平均含量均高于紫花苜蓿。ADL 平均含量为 3.67% ~ 10.10%，最高的是羊柴，最低的是木地肤。

4. 各灌木类植物生长期间灌木干物质含量在 90% 左右。生长期间灰分含量为 5.40% ~ 17.84%，平均含量最高的是木地肤。钙磷平均含量分别为 0.55% ~ 2.47% 和 0.14% ~ 0.30%，含量最高的均为木地肤。

三、内蒙古荒漠区主要木本类植物不同生长期抗营养因子含量的动态变化

虽然灌木植物中的营养物质含量较高，但由于含有多酚等抗营养物质，从而降低了其饲用价值和采食的适口性。当家畜采食过量时，常常会引起消化率下降、采食量降低等一系列

不良反应甚至中毒。内蒙古荒漠区主要木本类植物抗营养因子主要为总多酚、多酚、单宁及缩合单宁等。近几年来，随着对单宁生物、营养学功能的研究和认识，研究人员发现单宁具有防止家畜发生臌胀病、提高蛋白质的利用率的作用等。基于此，对荒漠草原区 12 种主要饲用灌木植物的酚类物质含量及其随着生长期的变化规律进行了研究。

（一）主要饲用灌木类植物总多酚含量的动态变化

各饲用灌木类植物总多酚含量较高且在生长期含量不同，有的样品总多酚含量随生长期逐渐上升，有的样品的总多酚含量在生长期间呈"V"字形变化，且在不同生长期总多酚含量差异极显著（$p < 0.01$）。沙棘、沙柳、羊柴、花棒和油蒿总多酚含量较高，分别为98.47g/kg DM、96.13g/kg DM、101.78g/kg DM、101.76g/kg DM 和 100.15g/kg DM。羊柴和花棒总多酚含量在生长期较稳定，油蒿、沙棘和沙柳总多酚生长期间不稳定。木地肤总多酚含量最低 75.76g/kg DM，其次，是驼绒藜 76.70g/kg DM（表 5 - 4）。

表 5 - 4　饲用灌木不同生长期总多酚含量　（g/kg DM）

样品	时间			
	5 月	7 月	9 月	平均
大白柠条	83.67 ± 1.23[a]	70.56 ± 1.99[c]	82.08 ± 1.63[c]	78.77 ± 7.15
中间锦鸡儿	75.80 ± 0.88[c]	75.55 ± 1.05[c]	82.22 ± 2.88[a]	77.86 ± 3.78
沙棘	78.24 ± 0.72[c]	92.80 ± 1.89[c]	124.38 ± 2.52[a]	98.47 ± 23.59
沙柳	88.66 ± 1.42[c]	88.50 ± 1.00[c]	111.22 ± 1.89[a]	96.13 ± 13.07
羊柴	104.62 ± 1.01[a]	96.36 ± 1.64[c]	104.37 ± 1.09[c]	101.78 ± 4.70
花棒	99.70 ± 1.02[c]	97.70 ± 1.03[c]	107.87 ± 1.29[a]	101.76 ± 5.39
胡枝子	83.64 ± 1.90[c]	88.14 ± 3.00[c]	94.93 ± 1.94[a]	88.90 ± 5.68
木地肤	72.71 ± 2.00[c]	73.30 ± 1.77[c]	81.27 ± 3.02[a]	75.76 ± 4.78
驼绒藜	78.25 ± 0.13[c]	66.41 ± 2.06[c]	85.43 ± 2.00[a]	76.70 ± 9.60
油蒿	87.60 ± 1.89[c]	104.93 ± 3.11[c]	107.92 ± 2.63[a]	100.15 ± 10.97
白沙蒿	89.52 ± 3.01[c]	78.99 ± 1.05[c]	99.30 ± 2.98[a]	89.27 ± 10.16
冷蒿	81.34 ± 2.55[c]	89.80 ± 2.93[c]	93.90 ± 2.86[a]	88.35 ± 6.40

（二）主要饲用灌木类植物简单酚含量的动态变化

各饲用灌木植物简单酚含量在生长期间没有明显的变化趋势，但不同生长期各灌木简单酚含量之间差异极显著（$p < 0.01$）。沙棘平均简单酚含量最高 19.88g/kg DM，其次，是油蒿 16.77g/kg DM（表 5 - 5）。

（三）主要饲用灌木类植物单宁含量的动态变化

各饲用灌木类植物单宁含量随着生长期呈一定的变化，变化趋势基本上跟总多酚一致，不同生长期单宁含量差异极显著（$p < 0.01$）。羊柴单宁含量最高 86.09g/kg DM，其次，是油蒿 84.38g/kg DM，但油蒿不同生长期单宁含量不稳定，变化幅度为 12.01g/kg DM。木地

肤单宁含量最低，整个生长期平均为61.07g/kg DM（表5-6）。

表5-5　饲用灌木不同生长期简单酚含量　　　　　　　　　　（g/kg DM）

样品	时间			
	5月	7月	9月	平均
大白柠条	13.08±0.48[c]	14.34±0.32[a]	14.45±0.42[a]	13.96±0.76
中间锦鸡儿	12.85±0.87[e]	15.89±0.64[a]	14.14±0.58[c]	14.29±1.53
沙棘	15.61±0.55[e]	21.41±0.34[c]	22.62±0.94[a]	19.88±3.75
沙柳	16.91±0.80[a]	16.32±0.50[c]	16.45±0.69[c]	16.56±0.31
羊柴	16.31±0.43[a]	15.43±0.29[c]	15.32±0.73[c]	15.69±0.54
花棒	14.71±0.87[c]	17.04±0.19[a]	15.71±0.60[c]	15.82±1.17
胡枝子	16.93±0.99[a]	15.59±0.25[c]	14.26±0.39[c]	15.59±1.34
木地肤	13.14±0.99[e]	16.18±0.54[a]	14.74±0.92[c]	14.69±1.52
驼绒藜	12.32±0.55[c]	11.61±1.00[e]	15.01±0.63[a]	12.98±1.79
油蒿	17.07±0.67[a]	16.06±0.34[c]	17.19±0.62[a]	16.77±0.62
白沙蒿	16.93±0.26[c]	14.61±0.69[e]	18.12±0.88[a]	16.55±1.79
冷蒿	13.05±0.24[c]	13.93±0.90[a]	14.12±0.67[a]	13.70±0.57

表5-6　饲用灌木不同生长期单宁含量　　　　　　　　　　（g/kg DM）

样品	时间			
	5月	7月	9月	平均
大白柠条	70.59±3.00[a]	56.22±2.34[e]	67.63±2.49[c]	64.81±7.59
中间锦鸡儿	62.15±3.07[c]	59.66±2.01[c]	68.09±0.49[a]	63.30±4.33
沙棘	62.63±1.20[c]	71.39±0.95[c]	101.75±3.01[a]	78.59±20.53
沙柳	71.76±0.98[e]	72.30±1.11[c]	94.77±0.49[a]	79.61±13.13
羊柴	88.31±3.24[c]	80.93±1.42[e]	89.04±0.39[a]	86.09±4.49
花棒	55.04±2.15[e]	80.65±1.61[c]	92.16±2.51[a]	75.95±19.00
胡枝子	66.71±1.31[c]	72.55±2.01[c]	80.67±0.46[a]	73.31±7.01
木地肤	59.57±1.19[c]	57.12±0.93[e]	66.53±1.00[a]	61.07±4.88
驼绒藜	65.94±2.19[c]	54.80±1.24[e]	70.42±0.12[a]	63.72±8.00
油蒿	70.53±2.00[e]	88.87±3.14[c]	90.73±2.04[a]	84.38±12.01
白沙蒿	72.58±1.01[c]	64.38±2.54[e]	81.17±0.79[a]	72.71±8.40
冷蒿	68.29±2.11[e]	75.87±3.21[c]	79.78±1.03[a]	74.65±5.84

（四）主要饲用灌木类植物缩合单宁含量的动态变化

各灌木类植物所含缩合单宁含量不同，随生长期间有的呈"V"字形变化，有的呈逐渐增加趋势。各灌木类植物生长期间缩合单宁含量显著差异，不同灌木类植物间缩合单宁平均含量差异显著。羊柴缩合单宁含量最高46.66g/kg DM，其次是花棒43.51g/kg DM（表5-7）。

表5-7 饲用灌木不同生长期缩合单宁含量　　　　　　　　　（g/kg DM）

样品	时间			
	5月	7月	9月	平均
大白柠条	37.90±2.44[a]	29.64±1.90[c]	35.10±0.56[c]	34.21±4.20
中间锦鸡儿	27.90±2.18[c]	25.89±1.60[c]	29.46±0.59[a]	27.75±1.79
沙棘	33.54±1.26[c]	35.64±2.12[c]	50.24±1.44[a]	39.81±9.10
沙柳	34.89±1.78[c]	35.67±2.11[c]	44.12±1.09[a]	38.23±5.12[b]
羊柴	49.53±2.13[a]	42.57±2.09[c]	47.87±2.45[a]	46.66±3.64
花棒	43.69±1.56[c]	37.56±1.86[c]	49.28±0.89[a]	43.51±5.86
胡枝子	34.85±2.85[c]	35.61±0.87[c]	38.27±2.18[a]	36.24±1.80
木地肤	25.89±0.96[c]	23.45±2.60[c]	27.63±1.10[a]	25.66±2.10
驼绒藜	32.12±1.26[c]	24.63±1.27[c]	33.58±1.78[a]	30.11±4.80
油蒿	31.89±1.67[c]	36.11±1.88[c]	41.35±2.90[a]	36.54±4.74
白沙蒿	39.88±2.19[a]	32.95±1.75[c]	38.88±1.56[a]	37.24±3.75
冷蒿	35.29±1.89[c]	32.89±1.97[c]	36.18±1.66[a]	34.79±1.70

（五）主要木本类植物不同生长期抗营养因子含量的动态变化概述

酚类是一种具有多种生物学特性的复杂化学成分，酚类含量的高低直接关系到家畜的采食量和健康水平。本研究中，总多酚、单宁、简单酚和缩合单宁的含量在不同生长期、不同灌木类植物间差异极显著（$p<0.01$），含量总体表现为总酚＞单宁＞缩合单宁＞简单酚，该试验结果与文亦苐（2009）对豆科饲用灌木类植物中酚类物质动态变化的研究结果一致。

本试验结果表明，随着生长期各灌木类植物总多酚和单宁含量呈"V"字形变化或呈由低到高的变化趋势，这一结果与王静（2005）对高寒地区植物中酚类物质含量动态研究的结果一致，但与文亦苐的研究结果不一致。本实验12种主要饲用灌木植物中，酚类物质含量最高的是羊柴，总多酚101.78g/kg DM、单宁86.09g/kg DM、缩合单宁46.66g/kg DM，沙棘和花棒的酚类物质含量也较高，这一结果比张欣对高寒地区灌木类植物中的酚类物质测定结果高38%左右。文亦苐（2009）的实验结果显示，假青蓝总多酚含量达到173.3g/kg DM，比本实验羊柴总酚含量高出41.27%，这种结果上的差异可能与植物种类和地区差异有直接的关系。几种灌木总多酚含量均高于紫花苜蓿。

简单酚的含量随生长期没有明显的变化趋势，但不同生长期有显著差异。几种灌木类植物简单酚平均含量为12.98～19.88g/kg DM。单宁含量的变化趋势与总多酚相同，平均含量为63.30～86.09g/kg DM，羊柴单宁含量最高，中间锦鸡儿最低，几种灌木类植物的单宁含量均高于紫花苜蓿。

本实验灌木类植物中单宁和简单酚的含量均低于文亦荮（2009）所测6种豆科饲用灌木中的单宁和简单酚含量，均高于高寒地区灌木类植物中的单宁和简单酚含量，随生长期变化趋势与王静（2005）的高寒地区灌木植物单宁含量变化趋势相同，这种结果可能与植物种类和地区有直接的关系。植物单宁含量较高，某种程度上说明在植物进化过程中环境对单宁含量的影响很大。一些灌木类植物在长期的进化过程中，为了抵御外来干扰，在外形和质地上发生了很大的改变，绝大多数灌木类植物产生一些次生化学成分，如生物碱、酚类等，用来抵御病虫害的侵扰和动物的采食。

各灌木类植物不同生长期所含缩合单宁含量各不相同，这一结果与郭彦军（2000）对高寒草甸灌木类植物中的缩合单宁含量动态研究结果一致。郭彦军的研究结果表明，高寒地区灌木类植物中的缩合单宁含量随生长期逐渐下降，下降率为59.86%~80.86%。本实验中各灌木类植物中的缩合单宁含量随生长期呈"V"字形变化，平均含量为25.66~46.66g/kg DM。Barry和Forss（1983）用香兰素盐酸法测定不同肥力条件下牛角花植物中的缩合单宁含量，结果表明，在酸性、低肥力土壤条件下，单宁含量达到80~110g/kg DM，高肥力土壤条件下为20~30g/kg DM，因此，不同地方灌木类植物中酚类物质含量不同。Jacson和Barry等（1996）研究结果表明，植物中的缩合单宁含量低于55g/kg DM时可在家畜日粮中占一定的比列，缩合单宁含量达到100~124g/kg DM时只能在日粮中少量添加，以减低缩合单宁的浓度。本实验中几种灌木类植物缩合单宁的平均含量为25.66~46.66g/kg DM，结论：本实验中几种灌木类植物可作为开发利用饲用灌木。一方面，增加饲料来源，另一方面，可利用缩合单宁的过瘤胃保护作用，提高氮的利用率。

张欣（2007）对高寒草甸植物研究结果表明，总多酚含量与单宁和简单酚量显著正相关，简单酚含量和单宁含量显著正相关，缩合单宁含量与总多酚、简单酚和单宁含量没有显著相关关系。文亦荮等（2009）对6种豆科饲用灌木类植物中酚类物质动态变化研究表明，缩合单宁含量与总酚和单宁含量间呈极显著正相关（$p < 0.01$），与简单酚含量间呈不显著的负相关（$p > 0.05$）；总酚含量与单宁含量间呈极显著正相关（$p < 0.01$），与简单酚含量间呈不显著的正相关（$p > 0.05$）；单宁含量与简单酚含量间呈极显著的负相关（$p < 0.01$）。本试验中，总多酚含量与简单酚、单宁和缩合单宁含量之间极显著正相关；简单酚含量与单宁含量显著正相关（$r = 0.610$）。单宁含量与缩合单宁含量间呈极显著正相关（$r = 0.922$）。本研究结果与上述学者的实验结果有的不一致，可能是由于酚类物质受到很多因素的影响，如植物种类、土壤、环境、遗传因素或气候因素等所致。

四、内蒙古荒漠地区主要木本类植物的营养价值评定

（一）灌木类植物的体外法评定

12种灌木植物不同生长时期的体外干物质消失率、pH值、NH_3-N、MCP、原虫总数如表5-8。体外培养条件下不同生长期饲用灌木24h后干物质消失率见表5-8。由表5-8看出，体外培养条件下，各灌木不同生长期干物质消失率不同，平均干物质消失率为54.18%~66.78%。胡枝子平均含量最高，沙棘平均含量最低，整个生长期各灌木干物质消失率有下降趋势（除沙棘以外）。油蒿和胡枝子的幼嫩期干物质消失率与其他生长期之间差异极显著，其余的灌木干物质消失率在各生长期之间差异极显著（$p < 0.01$）。瘤胃培养液

体外发酵 24h 后，不同生长期灌木类植物 pH 值均为 6~7，均属于正常范围，没有对瘤胃发酵产生不利影响。在体外培养条件下，不同生长期驼绒藜、白沙蒿、油蒿、紫花苜蓿 pH 值之间没有显著差异。沙柳幼嫩期和旺盛期 pH 值极显著低于枯黄期。其他灌木 pH 值生长期间有显著性变化。氨态氮浓度随生长期有一定的变化规律，旺盛期氨态氮浓度极显著高于其他两个生长期。氨态氮平均浓度最高的是驼绒藜 9.93mg/100ml，其次是中间锦鸡儿 9.87mg/100ml。菌体蛋白含量最高的是胡枝子，其次是中间锦鸡儿，分别为 27.75mg/100ml 和 25.56mg/100ml。各生长期间有显著差异（$p < 0.01$）。油蒿和沙柳幼嫩期的菌体蛋白含量极显著高于其他两个生长期，其余的灌木旺盛期的显著高于其他两个生长期，平均 BCP 含量最低的是油蒿。幼嫩期原虫数含量极显著高于其他两个生长期，驼绒藜、白沙蒿、油蒿、中间锦鸡儿、沙棘、枯黄期原虫数含量极显著高于旺盛期。平均原虫数含量最高的是羊柴，其次是冷蒿。分别为 4.34×10^6 个/ml 和 4.00×10^6 个/ml，原虫数含量最少的是木地肤。

表 5-8　不同灌木体外培养条件下 24h 发酵指标

样品	生长时期	干物质消失率（%）	pH 值	氨态氮（mg/100ml）	菌体蛋白（mg/100ml）	原虫数（$\times 10^6$ 个/ml）
大白柠条	幼嫩期	65.56 ± 2.66^a	6.48 ± 0.07^a	9.61 ± 0.03^c	21.70 ± 0.88^c	5.13 ± 0.18^a
	旺盛期	62.50 ± 2.84^c	6.25 ± 0.11^b	9.94 ± 0.23^a	24.81 ± 0.39^a	3.63 ± 0.53^c
	枯黄期	60.37 ± 4.27^c	6.60 ± 0.24^a	9.53 ± 0.65^c	22.69 ± 1.83^c	2.88 ± 0.18^c
	平均	62.81 ± 2.61	6.44 ± 0.18	9.69 ± 0.22	23.07 ± 1.59	3.88 ± 1.15
中间锦鸡儿	幼嫩期	71.94 ± 4.56^a	6.90 ± 0.08^a	9.55 ± 0.03^c	26.06 ± 0.84^c	5.25 ± 0.35^a
	旺盛期	57.75 ± 0.74^c	6.30 ± 0.10^c	10.17 ± 0.02^a	28.19 ± 0.80^a	2.63 ± 0.18^c
	枯黄期	54.07 ± 4.65^c	6.80 ± 0.40^a	9.90 ± 0.07^c	25.44 ± 1.63^c	3.88 ± 0.18^c
	平均	61.19 ± 9.47	6.67 ± 0.32	9.87 ± 0.31	26.56 ± 1.44	3.92 ± 1.31
沙棘	幼嫩期	63.02 ± 4.18^a	6.38 ± 0.24^a	9.59 ± 0.02^a	26.56 ± 0.98^c	5.00 ± 1.06^a
	旺盛期	42.35 ± 2.12^c	6.48 ± 0.07^a	8.65 ± 0.47^c	28.31 ± 0.34^a	2.88 ± 0.53^c
	枯黄期	57.26 ± 2.46^c	6.23 ± 0.18^b	9.34 ± 0.34^c	22.81 ± 0.78^c	3.13 ± 0.18^c
	平均	54.18 ± 10.65	6.36 ± 0.13	9.19 ± 0.48	25.90 ± 2.81	3.67 ± 1.16
沙柳	幼嫩期	67.50 ± 3.47^a	6.32 ± 0.06^c	8.59 ± 0.40^c	23.06 ± 0.78^a	4.50 ± 0.71^a
	旺盛期	63.59 ± 2.19^c	6.18 ± 0.65^c	9.61 ± 0.04^a	22.94 ± 1.10^a	3.13 ± 0.18^c
	枯黄期	58.17 ± 0.30^c	6.65 ± 0.75^a	9.47 ± 0.98^c	19.19 ± 0.73^c	3.38 ± 0.18^c
	平均	63.09 ± 4.69	6.38 ± 0.24	8.89 ± 0.63	21.73 ± 2.20	3.67 ± 0.73

（续表）

样品	生长时期	干物质消失率（%）	pH 值	氨态氮（mg/100ml）	菌体蛋白（mg/100ml）	原虫数（×10⁶ 个/ml）
羊柴	幼嫩期	67.55±3.61ª	6.69±0.10ª	9.24±0.07ᵇ	24.44±0.48ᵉ	6.38±0.18ª
	旺盛期	62.75±2.84ᶜ	6.52±0.51ᵇ	9.41±0.66ᵃᵇ	26.56±0.83ª	3.38±0.18ᶜ
	枯黄期	56.34±0.51ᵉ	6.90±0.01ª	9.49±0.10ª	24.81±1.53ᶜ	3.25±0.35ᶜ
	平均	62.21±5.62	6.70±0.19	9.38±0.13	25.27±1.13	4.34±1.77
花棒	幼嫩期	67.88±3.57ª	6.80±0.02ª	10.23±0.04ª	22.25±0.81ᵉ	5.00±0.00ª
	旺盛期	64.22±2.68ᶜ	6.52±0.12ᵇ	9.50±0.18ᶜ	25.25±0.71ª	3.25±0.00ᶜ
	枯黄期	57.32±2.77ᵉ	6.66±0.46ᵃᵇ	8.32±0.09ᵉ	22.05±1.69ᶜ	2.50±0.00ᶜ
	平均	63.14±5.36	6.65±0.13	9.35±0.96	23.18±1.79	3.58±1.28
胡枝子	幼嫩期	70.29±3.56ª	6.60±0.11ᵇ	8.91±0.03ᶜ	28.14±1.90ᵉ	5.00±0.71ª
	旺盛期	65.10±4.61ᶜ	6.90±0.03ª	9.35±0.35ª	30.50±0.67ª	3.00±0.00ᶜ
	枯黄期	64.95±4.74ᶜ	6.79±0.07ᵃᵇ	8.66±0.52ᵉ	24.63±0.56ᶜ	2.88±0.18ᶜ
	平均	66.78±3.04	6.76±0.15	8.94±0.39	27.75±2.96	3.63±1.19
木地肤	幼嫩期	68.09±1.98ª	6.55±0.01ᵇ	9.49±0.10ᶜ	25.69±0.49ᶜ	4.75±0.71ª
	旺盛期	65.67±2.45ᶜ	6.65±0.19ᵇ	10.19±0.12ª	27.63±1.93ª	3.13±0.18ᶜ
	枯黄期	55.11±4.34ᵉ	6.89±0.14ª	9.41±1.04ᶜ	24.88±1.83ᵉ	2.63±0.18ᵉ
	平均	62.96±6.90	6.70±0.17	9.70±0.43	26.06±1.41	3.50±1.11
驼绒藜	幼嫩期	65.08±4.21ª	6.67±0.03	9.63±0.00ᶜ	22.69±0.18ᵉ	4.63±0.53ª
	旺盛期	56.03±2.60ᶜ	6.58±0.14	10.22±0.21ª	29.19±1.12ª	3.00±0.00ᵉ
	枯黄期	48.91±0.55ᵉ	6.78±0.47	9.94±0.63ᶜ	25.69±1.63ᶜ	3.25±0.00ᶜ
	平均	56.67±8.10	6.68±0.10	9.93±0.29	25.85±3.25	3.63±0.88
油蒿	幼嫩期	72.14±3.58ª	6.62±0.06	9.80±0.69ª	22.69±0.76ª	4.88±0.88ª
	旺盛期	54.15±0.05ᶜ	6.57±0.22	8.54±0.07ᵉ	21.21±1.21ᶜ	2.88±0.18ᵉ
	枯黄期	52.68±1.47ᶜ	6.55±0.54	9.03±0.05ᶜ	20.39±1.01ᵉ	3.38±0.18ᶜ
	平均	59.16±7.26	6.58±0.04	8.79±0.25	21.43±1.17	3.71±1.04
白沙蒿	幼嫩期	65.60±2.54ª	6.80±0.46	8.94±0.04ᶜ	22.63±1.17ᵉ	4.50±0.35ª
	旺盛期	60.58±3.54ᶜ	6.79±0.25	9.29±0.22ª	24.63±1.44ª	3.38±0.18ᵉ
	枯黄期	51.29±2.53ᵉ	6.35±0.02	9.43±0.09ª	23.69±1.66ᶜ	3.88±0.18ᶜ
	平均	59.16±7.26	6.65±0.26	9.22±0.25	23.65±1.00	3.92±0.56
冷蒿	幼嫩期	66.72±1.78ª	6.42±0.08ᵇ	9.46±0.02ᵇ	23.94±0.98ᵉ	5.25±0.71ª
	旺盛期	63.87±3.56ᶜ	6.29±0.66ᵇ	9.47±0.47ᵇ	25.69±1.86ª	3.38±0.18ᶜ
	枯黄期	59.37±4.34ᵉ	6.65±0.18ª	9.71±0.50ª	24.81±1.04ᶜ	3.38±0.18ᶜ
	平均	63.32±3.71	6.45±0.18	9.55±0.14	24.81±0.88	4.00±1.08

（二）12 种灌木植物不同生长期 24h 产气量及 VFA 含量变化

12 种灌木类植物平均产气量为 20.92 ~ 27.05ml，大白柠条最高（27.05ml），其次是羊柴（26.75ml），最低的是胡枝子（20.92ml）。木地肤幼嫩期和旺盛期产气量极显著高于枯黄期，其余的灌木各生长期之间差异极显著（$p < 0.01$）。羊柴和沙棘产气量从幼嫩期到枯黄期分别下降 64.94% 和 61.25%。

随生长期间各灌木类植物乙酸浓度逐渐下降，而且生长期间差异显著（$p < 0.01$）。12 种灌木植物的乙酸平均浓度为 62.95 ~ 83.93mmol/L，在幼嫩期冷蒿和白沙蒿的乙酸浓度达 90mmol/L 以上。

丙酸平均浓度为 18.77 ~ 27.99mmol/L，其中，大白柠条、木地肤、花棒、沙柳、中间锦鸡儿和白沙蒿丙酸浓度较高，分别为 27.99mmol/L、25.52mmol/L、24.37mmol/L、23.77mmol/L、23.50mmol/L 和 23.10mmol/L。

12 种灌木类植物丁酸平均浓度为 3.04 ~ 6.37mmol/L。丁酸浓度较高的是白沙蒿、木地肤和冷蒿，分别为 6.37mmol/L、6.32mmol/L 和 6.28mmol/L，最低的是驼绒藜 3.04mmol/L。

12 种灌木类植物乙酸和丙酸比例为 2.44 ~ 3.93，冷蒿、沙棘、白沙蒿乙酸/丙酸比例较高，分别为 3.93、3.80 和 3.60。灌木类植物乙酸/丙酸随生长期有下降趋势，但个别样品变化趋势不一致（表 5 - 9）。

表 5 - 9　不同灌木体外培养条件下 24h 发酵指标

样品	时期	TVFA （mmol/L）	乙酸 （mmol/L）	丙酸 （mmol/L）	丁酸 （mmol/L）	乙酸： 丙酸
大白柠条	幼嫩期	116.86 ± 4.92[a]	82.02 ± 3.08[a]	29.87 ± 0.28[a]	4.97 ± 0.31[c]	2.75 ± 0.12[a]
	旺盛期	106.83 ± 4.87[c]	73.64 ± 2.15[c]	28.89 ± 3.72[c]	7.30 ± 1.46[a]	2.55 ± 0.18[c]
	枯黄期	98.80 ± 5.88[c]	63.96 ± 2.78[c]	25.21 ± 1.23[c]	2.63 ± 0.27[c]	2.54 ± 0.12[c]
	平均	107.50 ± 9.05	73.21 ± 9.03	27.99 ± 2.46	4.97 ± 2.33	2.44 ± 0.58
中间锦鸡儿	幼嫩期	110.11 ± 2.89[a]	85.60 ± 5.61[a]	24.88 ± 1.89[a]	4.63 ± 0.76[a]	3.44 ± 0.17[a]
	旺盛期	104.51 ± 5.89[c]	75.50 ± 5.66[c]	24.37 ± 6.15[c]	4.64 ± 0.83[c]	3.10 ± 0.09[c]
	枯黄期	89.83 ± 5.98[c]	65.50 ± 8.04[c]	21.24 ± 0.38[c]	2.64 ± 1.70[c]	3.08 ± 0.17[c]
	平均	103.66 ± 17.38	75.53 ± 10.05	23.50 ± 1.97	5.97 ± 1.15	3.21 ± 0.07
沙棘	幼嫩期	117.34 ± 3.89[a]	88.40 ± 5.78[a]	20.35 ± 1.58[c]	8.59 ± 0.86[a]	4.34 ± 0.07[a]
	旺盛期	108.30 ± 5.04[c]	80.89 ± 5.68[c]	22.20 ± 1.87[a]	5.15 ± 0.71[c]	3.64 ± 0.07[c]
	枯黄期	94.86 ± 4.01[c]	71.31 ± 2.56[c]	20.86 ± 1.69[c]	2.69 ± 0.65[c]	3.42 ± 0.15[c]
	平均	106.83 ± 11.31	80.20 ± 8.57	21.16 ± 0.99	5.48 ± 2.96	3.80 ± 0.40
沙柳	幼嫩期	114.30 ± 8.98[a]	83.10 ± 3.48[a]	24.92 ± 2.51[c]	6.82 ± 0.39[a]	3.33 ± 0.11[a]
	旺盛期	113.08 ± 5.83[c]	80.32 ± 4.74[c]	26.02 ± 1.34[a]	6.74 ± 1.24[c]	3.09 ± 0.17[c]
	枯黄期	83.60 ± 3.97[c]	59.21 ± 3.14[c]	20.37 ± 2.41[c]	4.02 ± 0.26[c]	2.91 ± 0.06[c]
	平均	103.66 ± 17.38	74.21 ± 13.06	23.77 ± 3.00	5.68 ± 1.45	3.11 ± 0.18

（续表）

样品	时期	TVFA（mmol/L）	乙酸（mmol/L）	丙酸（mmol/L）	丁酸（mmol/L）	乙酸：丙酸
羊柴	幼嫩期	94.76±3.45[a]	73.10±4.62[a]	17.29±2.29[c]	4.37±0.39[a]	4.23±0.10[a]
	旺盛期	86.09±4.30[c]	63.47±8.26[c]	19.87±3.80[a]	2.76±0.98[c]	3.19±0.09[c]
	枯黄期	79.33±4.22[c]	57.59±1.56[c]	19.15±2.31[c]	2.59±0.14[c]	3.01±0.14[c]
	平均	86.72±7.73	64.72±7.83	18.77±1.33	3.24±0.98	3.48±0.66
花棒	幼嫩期	91.90±2.34[c]	80.13±2.89[a]	19.81±1.78[c]	1.96±0.28[c]	4.04±0.09[a]
	旺盛期	116.45±4.77[a]	70.58±4.68[c]	30.37±3.17[a]	5.50±0.72[a]	2.32±0.12[c]
	枯黄期	90.14±5.04[c]	64.15±2.35[c]	22.92±1.36[c]	3.07±0.15[c]	2.80±0.17[c]
	平均	99.50±14.71	71.62±8.04	24.37±5.43	3.51±1.81	3.06±0.48
胡枝子	幼嫩期	98.60±4.90[c]	80.88±2.89[a]	23.48±2.01[a]	4.42±0.38[c]	3.44±0.06[c]
	旺盛期	103.92±8.04[a]	70.61±6.49[c]	23.19±2.11[c]	5.12±0.17[a]	3.04±0.08[c]
	枯黄期	91.40±3.89[c]	64.42±2.51[c]	21.99±0.36[c]	4.99±0.75[c]	2.93±0.11[c]
	平均	107.97±22.76	71.97±8.31	22.89±0.79	4.78±0.48	3.14±0.34
木地肤	幼嫩期	114.73±2.45[c]	76.90±2.56[c]	29.35±2.54[a]	8.48±0.28[a]	2.62±0.14[c]
	旺盛期	117.09±6.84[a]	74.20±5.89[a]	26.36±1.97[c]	5.53±0.46[c]	2.81±0.12[a]
	枯黄期	82.46±3.89[c]	56.66±3.80[c]	20.85±4.26[c]	4.96±1.21[c]	2.72±0.07[c]
	平均	104.76±19.35	69.25±10.98	25.52±4.31	6.32±1.89	2.72±0.33
驼绒藜	幼嫩期	89.96±2.34[c]	74.90±5.62[a]	20.61±1.59[c]	4.45±0.28[a]	3.63±0.12[c]
	旺盛期	109.70±3.87[a]	62.27±2.59[c]	24.07±2.48[a]	3.36±0.18[c]	2.59±0.07[c]
	枯黄期	66.24±4.03[c]	51.69±2.46[c]	13.25±0.18[c]	1.30±0.36[c]	3.90±0.12[a]
	平均	88.63±21.76	62.95±11.62	19.31±5.53	3.04±1.60	3.37±0.38
油蒿	幼嫩期	111.66±5.98[a]	82.33±7.47[a]	21.20±1.54[a]	8.13±0.37[a]	3.88±0.05[a]
	旺盛期	76.93±3.87[c]	57.43±2.15[c]	18.79±0.12[c]	2.71±1.05[c]	3.06±0.07[c]
	枯黄期	78.66±4.77[c]	55.75±2.16[c]	19.47±0.23[c]	3.44±0.32[c]	2.86±0.08[c]
	平均	89.08±19.57	65.17±15.44	19.82±1.24	4.76±2.94	3.27±0.46
白沙蒿	幼嫩期	115.08±4.19[c]	90.08±9.50[a]	18.96±3.88[c]	6.05±1.83[c]	4.75±0.09[a]
	旺盛期	116.03±2.98[a]	81.13±0.25[c]	27.74±4.89[a]	7.16±1.13[a]	2.92±0.10[c]
	枯黄期	99.21±3.46[c]	70.68±4.10[c]	22.61±0.51[c]	5.92±0.89[c]	3.13±0.13[c]
	平均	110.11±9.45	80.63±9.71	23.10±4.41	6.37±0.68	3.60±1.00
冷蒿	幼嫩期	109.33±2.98[c]	90.93±4.32[a]	22.13±1.38[a]	6.27±0.74[c]	4.11±0.18[c]
	旺盛期	114.91±4.98[c]	84.89±4.89[c]	20.00±2.35[c]	4.02±0.47[c]	4.24±0.09[a]
	枯黄期	116.63±8.63[a]	75.98±2.48[c]	22.10±0.84[c]	8.55±1.56[a]	3.44±0.08[c]
	平均	113.62±3.82	83.93±7.52	21.41±1.22	6.28±2.27	3.93±0.27

（三）主要木本类植物的营养价值评定概述

牧草的 24h 体外消失率是牧草营养价值最重要且简单的评定方法。Gregorio E. M. B. 等（2005）研究报道，利用 *Acacia farnesiana* 和 *Acacia angustissima* 等几种树叶制备的培养底物进行体外批次培养时，添加 PEG 组对 *Acacia farnesiana* 和 *Acacia angustissima* 的 DM 消化率同对照组相比分别增加了 4.72% 和 73.32%。H. Ben Salem 等（1999）研究表明，当绵羊采食新鲜的、晒干的和用 PEG 处理过的 *Acacia cyanophylla* 饲草时，绵羊对用 PEG 处理后的 *Acacia cyanophylla* 的 DM 消化率相对于前两者均有所提高（57.5%、60.8%、61.9%）。本试验中整个生长期各灌木干物质消失率有下降趋势（除沙棘以外），油蒿和胡枝子的幼嫩期干物质消失率与其他两个生长期之间差异极显著，其余的灌木植物干物质消失率在各生长期之间差异极显著（$p < 0.01$）。

相对稳定的瘤胃内环境是瘤胃微生物发挥正常功能的必要条件，pH 值的高低均可影响瘤胃微生物的生长、发育和发酵类型。本试验瘤胃培养液体外发酵 24h 后，不同生长期几种主要饲用灌木类植物 pH 值均在正常范围之内，没有对瘤胃发酵产生不利影响。

瘤胃氨氮浓度是反映氮代谢的重要指标，它主要取决于日粮氮降解速度和微生物氨的利用，它同时也是瘤胃微生物合成菌体蛋白的原料，其浓度是瘤胃内环境参数的一个重要指标，反映了瘤胃内微生物氮的供应状况。本试验中，氨氮浓度为 8.79 ~ 9.93mg/100ml。低于张欣（2007）高寒灌木体外氨氮浓度 16.09 ~ 28.61mg/100ml。但 Michelle（1987）灌木不添加 PEG 组的氨态氮浓度处于瘤胃微生物生长的最适氨氮浓度为 5 ~ 28mg/100ml。均高于 Satter 等（1975）用连续培养发酵证明的持续微生物的最高生长率所需的瘤胃中氨氮浓度 5mg/100ml。也高于韩正康（1988）瘤胃微生物合成的能力达到饱和时的氨氮浓度 8.5mg/100ml。单宁可缓解氨的过度释放。因此，几种灌木体外培养 24h 后由于氨氮的富集，所测氨氮浓度可大于瘤胃内实测值。

菌体蛋白含量可以反映培养底物的发酵效果。H. Ben S. Yildiz 等的研究表明，采食含单宁饲草的绵羊补饲 PEG 能够提高瘤胃 BCP 浓度。Salem 等研究也同样表明了当给绵羊饲喂 *Acacia cyanophylla*（含单宁）的精料中添加 6%、12%、18% 和 24% 的 PEG 时，绵羊瘤胃 BCP 含量比对照组分别提高了 37%、94%、135% 和 153%。本试验中不同生长期灌木类植物菌体蛋白含量相对较低。此结果可能与植物所含单宁有关。

原虫在反刍动物营养代谢中，一方面，可大量吞噬淀粉颗粒，稳定高精料日粮下瘤胃发酵模式，提高瘤胃内纤维和有机物消化率、稳定瘤胃 pH 值；另一方面，由于其自身不能利用非蛋白氮合成菌体蛋白，而是靠吞噬细菌来获取蛋白的供应进行生长和繁殖。原虫大量存在时，反刍动物氨基酸需要量大大增加，会加剧蛋白质的缺乏，尤其在低蛋白日粮条件下更为突出。不同饲用灌木随生长期延长原虫数量有下降的趋势，幼嫩期原虫数含量极显著高于其他两个生长期，这可能与植物单宁含量有关。

瘤胃发酵总挥发性脂肪酸中乙酸、丙酸和丁酸总计占 95% 左右，它们的浓度大小及比例大致反映了日粮的发酵类型和被吸收情况。研究表明，反刍动物瘤胃代谢所需葡萄糖主要来源于体内肝脏组织的糖异生作用，而丙酸是糖异生过程的主要前提物质，对于绵羊来讲，丙酸产生的葡萄糖约可满足所需能量的 30% ~ 50%。N. Moujahed 等研究表明：对于采食含单宁日粮的绵羊，当在其食用的舔砖中添加 PEG 时，绵羊瘤胃 TVEA 浓度同对照组相比显著增加，乙酸比例下降，乙酸和丙酸比值显著降低，丙酸和丁酸比例升高。Moujahed 认为产生上述结果的主要原因是实验组绵羊采食的营养舔砖中含有大量可发酵碳水化合物，提高了丙酸和丁酸的浓度，从而使乙酸和丙酸比值降低。本试验中，乙酸和丙酸比例为 2.44 ~ 3.93，均高于上述学者试验结果。

第三节　主要木本类植物营养价值及饲料化技术

木本植物饲料是一类重要的植物饲料来源，指幼嫩枝叶、花、果实、种子及其副产品具有饲用价值的木本植物，包括乔木、灌木、半灌木及木质藤本植物，它们大多具有抗逆性强、耐干旱的特性，常生长在贫瘠的土壤和山地。可以作为木本饲料的植物需具有营养物质含量高的特点。

我国在大力提倡和发展反刍家畜节粮型畜牧业的同时，优质粗饲料供求矛盾突出，急待有突破性发展。国外工业发达国家如前苏联、美国、日本、加拿大、澳大利亚等都在开发和利用木本饲料资源，并取得了实质性的进展，其对木本饲料的加工方式多样化，包括了青贮、微贮发酵、叶粉、糖化、膨化和生产水解酵母等。我国应用现代技术加工生产木本饲料起步较晚，直到 20 世纪 70 年代后期才着手对加工树叶饲料进行研究，对木本植物饲料资源开发利用尚处于探索阶段。

研究、开发木本植物饲料资源可为发展草食家畜，尤其是肉羊，提供新的优质粗饲料，节约饲料粮用量，增加畜产品的产量和质量，可获得增强绿色生态建设和广辟饲料资源的双重效益。下文将介绍几种优质的木本饲料及其利用技术，为开发木本植物饲料资源提供参考。

一、柠条的营养价值及饲料化技术

（一）柠条概述

柠条是豆科锦鸡儿属 Caragana 植物的俗称，是一种多年生豆科灌木，具有抗旱、抗寒、耐贫瘠、生物量高、生长旺盛、防风固沙、水土保持等特性。俄国植物分类学家 Komarov 最早在我国鄂尔多斯地区发现并命名了世界上第一个柠条物种（C. korshinskii Kom.），随后 Sanczir、Gorbunova 对柠条的形态特征、分类分布、生物特性进行了研究（图 5 - 2）。目前，研究发现全世界约有柠条 100 余种，主要分布于亚洲和欧洲的干旱和半干旱地区，包括原苏联、蒙古、土耳其、阿富汗、巴基斯坦、印度。杨昌友等对中国锦鸡儿属的分类及植物区系分布作了详细的研究，阐明我国有柠条种类 66 种，分布在西北、华北、东北、西南各区。柠条饲料作为一种非竞争性资源，在我国三北地区具有数量大、分布广、价格低廉的特点。长期以来，柠条仅用于自由放牧和燃料，由于不能按期合理的平茬更新，再加上羊只过渡啃食，均不同程度地出现了老化、退化和"活拔皮"等现象，造成资源的极大浪费。这种现象在以山羊为主要品种的草地特别是春季返青期表现的尤为突出，啃食严重的当年干枯死亡，程度较轻而长势旺盛的则延期萌发，长势明显不如以前，少数出现死亡。要从根本上避免就需减少草地载畜量，实行轮牧、休牧和降低草地内山羊数量等方面下功夫。而广泛推广舍饲养殖技术，研究探索推广柠条平茬复壮与饲料加工技术，是解决这些问题、缓解草地压力、改善生态环境、提高柠条利用率和生物量的有效途径。由此可见，对现有大面积柠条资源科学的采收、调制与加工，最大可能地保持原有养分，提高柠条饲料的适口性，缓解畜牧业原料短缺的压力，具有很大的研究价值和开发潜力。

图5-2　柠条的形态

（二）柠条的营养及饲用价值

柠条营养价值很高，其化学成分主要是粗蛋白、粗纤维、粗脂肪、粗灰分、无氮浸出物、木质素等；另外还含有少量的果糖、葡萄糖以及多种氨基酸。柠条不同生育期的营养价值差异很大。在营养期内含有较高的粗蛋白和钙，开花至结实期则显著下降，粗纤维的含量则相反。柠条的粗蛋白品质较好，含有丰富的家畜必需的氨基酸，其含量高于一般禾谷类饲料（表5-10）。

表5-10　不同部位营养成分含量状况表

部位	粗脂肪 EE（%）	粗蛋白 CP（%）	粗灰分 Ash（%）	粗纤维 CF（%）	钙 Ca（%）	磷 P（%）	无氮 浸出物 NFE（%）	吸附水 （%）
枝条	2.52	9.75	4.76	42.17	1.01	0.51	35.98	4.82
叶片	4.51	24.84	9.52	18.57	1.34	0.71	36.25	6.31
花	4.21	21.37	6.63	26.96	1.21	0.60	33.41	7.42
平均	3.75	18.65	6.97	29.23	1.19	0.61	35.21	6.18

柠条锦鸡儿叶片中的粗脂肪、粗蛋白、钙、磷含量最高，其次为花，最差的是枝条，叶片中的粗纤维含量较低，是家畜优质的饲料。因此，如果仅从饲料利用的角度出发，应尽量

利用柠条的叶片部分，开发利用的目的是饲用，则适宜的刈割时期应该是植株叶片最盛的时期（表5-11）。

表5-11　不同时期的柠条锦鸡儿营养成分

采样时间		粗脂肪 EE（%）	粗蛋白 CP（%）	粗灰分 Ash（%）	粗纤维 CF（%）	钙 Ca（%）	磷 P（%）	无氮浸出物 NFE（%）	吸附水 （%）
2年生	5月初	2.94	11.07	4.09	34.18	2.01	1.17	40.53	7.19
	7月底	2.93	10.53	4.45	32.93	1.84	1.06	41.46	7.70
	10月初	3.05	9.79	5.43	35.64	2.23	0.85	40.76	5.33
	平均	2.97	10.46	4.66	34.25	2.03	1.03	40.92	6.74
3年生	5月初	2.09	10.66	5.73	36.35	1.71	0.90	38.11	7.06
	7月底	1.85	9.53	5.33	37.52	1.88	1.02	38.74	7.03
	10月初	1.79	7.12	6.64	41.16	2.02	0.79	38.28	5.01
	平均	1.91	9.10	5.90	38.34	1.87	0.90	38.14	6.37
多年生	5月初	1.96	9.32	5.69	42.44	1.32	0.78	33.93	6.66
	7月底	1.80	9.89	6.23	42.06	1.76	0.81	33.99	6.03
	10月初	1.25	8.03	6.83	44.31	1.98	0.53	34.75	4.83
	平均	1.67	9.08	6.25	42.94	1.69	0.71	34.22	5.84

柠条的质量和营养价值与生育时期和生长年限有很大关系。柠条的粗蛋白、吸附水以及磷的含量基本上以5月初为最高，从7月底到10月初呈下降趋势；粗纤维、粗灰分、钙、无氮浸出物含量从5月初到10月初逐渐增加，其中，无氮浸出物的变化比较平稳；2年生柠条样品的粗脂肪含量10月初达到最高，而多年生柠条样品的粗脂肪含量则5月初为最高；因此，从营养成分的角度考虑，5月初的开花期营养丰富，是最佳的利用季节，此时进行平茬饲用、青贮是比较理想的；柠条的粗蛋白、粗脂肪、无氮浸出物、吸附水、钙、磷含量，随着生长年限的延长，逐年下降，粗纤维、粗灰分含量逐年增加，质地变硬，适口性下降。从畜牧业利用的角度分析，生长第二年以及第三年是柠条的最佳利用时期。随着生长年限的增加，柠条锦鸡儿枝条养分含量基本上呈下降趋势，这主要和其生物量增加出现养分稀释效应有关。因此，从畜牧业利用的角度分析，生长第二年以及第三年是柠条锦鸡儿的最佳的利用时期。也就是说，通过人为调控，选择2年或3年左右为1个平茬周期对提高柠条营养成分具有很大的贡献。

（三）柠条的开发及利用

随着畜牧业集约化生产的提高，饲料粮紧缺和饲料成本增高的趋势会日益加剧。因此，在充分有效地利用现有常规饲料资源，提高饲料品质的同时，必须开辟新的饲料资源，尤其是非常规蛋白质资源，如柠条饲料的开发利用。通常木本植物作为饲料，只是对其生长的嫩枝叶加以利用，利用量较小。许多木本植物作为饲料资源，其茎秆较粗硬，且在消化道停留时间长，影响家畜的采食量和适口性；其粗纤维和木质素含量高，动物难以消化利用。通过对木本植物进行粉碎制粒、氨化、青贮、微贮、热喷等加工处理，可以提高其利用率和增加其营养价值，改善适口性，提高消化率，发挥木本饲料的潜在价值。下面将以柠条为例，简单的介绍柠条饲料化技术，希望能对广大养殖人员有所帮助。

1. 柠条的调制方法

柠条饲料的调制是柠条资源开发与利用的前题和基础，科学可靠的调制方法，既减少营养物质的损失和浪费，又便于粉碎加工、防火防霉。如调制不当，会造成干草的发霉变质，降低柠条饲用价值，失去调制的目的。柠条调制的核心内容是控制含水量。当柠条干草水分含量达到15%～18%时，即可安全贮藏。

（1）柠条的干燥　干燥是柠条饲料加工中一项重要的生产环节。新鲜的柠条全株含水量为40%～55%，直接粉碎时极易引起机械堵塞，加重负荷而造成机械事故，影响正常生产，只有晾晒到安全含水量范围内才可正常粉碎。牧草最佳的干燥方法是直接烘干，其次是晒后烘干、阴干，晒干最差。因此，建议阴干，尽量避免暴晒。干燥程度可采取直接折断的方法判断：折断时有清脆声，能立即折断为好，如不能立即折断，揉拧时韧性较大，说明柠条含水量还偏高，需继续晾晒。

（2）柠条的贮藏　柠条枝长、质硬、疏松，刚平茬后用小型农用车拉回后就可直接堆放，不用再进行人工翻晒，对农户较为适宜，垛高以1.5～2m为宜。规模型的堆放主要为草垛堆放适合于大型柠条饲料加工厂或养殖场。草垛的形状有长方形和圆形2种，长方形草垛有占地小、易拆除、便于农用车进出等优点，而圆形草垛浪费小、便于长期贮藏。由于柠条取材容易，原材料价格低廉，建议选择长方形草垛，垛宽4.5～5.0m，高6.0～6.5m，长8.0～10.0m，雨季时注意四周排水。

（3）柠条采收与调制应注意的问题

① 适时平茬：从饲料加工的角度考虑，柠条在整个生长期内和不同平茬间隔年限，各部位养分差异很大，粗蛋白以花期（5月末至6月初）为最大。据化验，多年生鲜枝粗蛋白最高可达19.46%，笔者化验，冬季混合样为8.4%左右，叶片无氮浸出物6月和9月含量分别为33.53%和46.48%，季节性波动也很大，因此适时平茬显得非常重要。平茬最佳时期需根据柠条生育期、平茬目的和经济效益等综合考虑。从饲料加工角度考虑，建议在5～6月平茬，9月及以后是当年生物量积累最多的月份，单从平茬前产量考虑，这一时期最为理想。如果单为柠条更新复壮而平茬则在整个土壤封冻期（当年11月至翌年3月）为好。

② 迅速阴干：牧草一经刈割，便中断了水分等营养来源，由于此时含水率较高，呼吸作用及氧化活动还存在，不断消耗和破坏养分并分解粗蛋白及氨化物，使牧草营养遭到破坏，这个过程一直持续到牧草达到安全含水率15%左右时。含水率降低越快，即达到安全含水率经过的时间越短，牧草的养分损失越小，作为有代表性豆科植物的柠条也不例外。

③ 避免雨水淋湿和阳光暴晒：雨水淋洗会加强植物水解和氧化过程，促进微生物活动，使干草品质降低，水溶性糖和淀粉含量下降，发霉严重时，脂肪含量下降，蛋白质被破坏；雨淋可使矿物质损失高达60%～70%，糖类损失40%；日光的光化作用，引起胡萝卜素的（维生素A的主要来源）破坏，日晒时间愈长，且直射作用越强，损失就愈大。新鲜的柠条枝条一般为鲜绿色或灰绿色，雨淋后变成黑褐色，整株叶片全部脱落。由于认识不足，目前平茬后绝大多数要在野外经长时间日晒后才进行回收，由于雨雪淋洗和日光曝晒等，加速了原材料养分的流失。因此，平茬后要及时收集，尽量阴干，不要暴晒。

2. 柠条的利用方法

（1）柠条饲喂方法 柠条可直接利用或与精饲料混合饲喂，前者包括直接放牧采食、平茬粉碎后直接饲喂和粉碎后直接饲喂。后者包括与精料混合后直接饲喂和用制粒机制成全价饲料后饲喂，条件允许时也可经青贮、黄贮、微贮、氨化等处理后饲喂。贮藏时要特别注意压紧盖实，以防雨水进入，也可直接加入木质素降解酶常温处理后饲喂。经青贮、氨化、微贮等处理后的柠条粗蛋白含量比未处理的有较明显的提高，特别是氨化后可提高 6% 左右，同时粗纤维和木质素均有不同程度的降低，设备允许时可制成颗粒饲料，饲喂利用率几乎可达 100%。相比之下，直接饲喂成本和利用率低、技术含量小、饲喂效率不显著。

（2）柠条的粉碎 粉碎在饲料加工中的意义重大。有资料表明，饲草适当粉碎或制成饲料可增大表面积，增加采食量 45%（绵羊）和 11%（牛），食物在瘤胃中的停留时间缩短，微生物蛋白合成效率和进入十二脂肠的氨基酸有所提高。另据报道，饲料经粉碎后，表面积增大，与肠道消化酶或微生物作用的机会增加，消化利用率提高；粉碎使配方中各组分均匀地混合，可提高饲料的调质与制粒效果以及适口性等。对于反刍家畜，未被切碎的长干草纤维消化率最高，但采食量不如粉碎制料后的干草，且浪费较大，家畜对粉碎干草的自由采食量比采食长干草或简单切短的高 30%，采食量增加会补偿粉碎对纤维消化率降低的影响，使总的摄入能量增加，从而增进家畜产肉、产奶的生产力。如果饲喂粉碎较细的粉料时，饲料以较快的速度经胃进入十二脂肠、空肠和回肠，导致肌胃萎缩（重量减轻、内容物 pH 值升高），小肠肥大，肠道食糜 pH 值降低，细菌发酵加强，生成挥发性脂肪酸（VFA）增加，此变化将影响食欲，导致采食量下降，进而影响动物的生产性能。因此，粉碎和粒径大小都将影响到家畜的采食量和吸收率，甚至影响到家畜能否健康发育。

① 粉碎方法：柠条的粉碎是柠条饲料加工中最基本、最主要的环节，直接影响着柠条饲料的加工成本、适口性和利用率等。柠条材质较硬，常用锤片式粉碎机，粉碎粒度的均匀性较差，机械磨损高、耗电多、风扇负荷重、出料困难等，且易造成过度粉碎，产生的柠条细粉也过多。据试验，粗粉选择出料式饲料粉机不易堵机，叶轮负荷小，效果比较理想。筛孔孔径以 10~15mm 为宜，料粉长度在 3~4.5cm，粗度为 0.1~0.2cm。细粉的选择，家用粉碎机都可根据需要确定长度与粗度，一般只要进行 2 次粉碎，就可饲喂，粉碎效率为 200~300kg/h。规模化生产最好选择 1 次性成粉的自喂料饲料粉碎机为好，但传输履带不能太多，否则能量损失太大，机械加工效率太低，会导致成本过高。

② 机械选择：采用内蒙古杭锦后旗产 9FG-42B 型锤片式切割型下出料饲料粉碎机，生产能力为 200kg/h，配套动力 11kW，日可产 1.6t，效率较理想，但机身稳定性、刀片材料等还有待改进。也可选用新疆双泉（呼图壁）机械厂生产的 650 型（配套动力 7.5kW，生产能力 125kg/h，日产 1t）或 800 型（配套动力 13kW，生产能力 165kg/h，日产 1.3t）多功能牧草粉碎机。另据刘晶等报道，从法国引进的现代化整套机械，将柠条茎秆输入机器后，根据需要不仅可直接制成草粉、颗粒、饼状、块状饲料，还可与其他秸秆制成混合饲料。目前，日本名古屋市也生产有大型的与挖掘机相似的可移动的木质材料专用的粉碎机，但其功率在 180kW 左右，价格也相当昂贵，不适宜在我国北方地区推广应用，其设计思路可参考。

（3）制粒技术

① 柠条制粒的意义：颗粒饲料具有方便储存，浪费少，营养全面科学，促进动物快速

生长，经济效益高的优点。柠条主要成分有粗蛋白、纤维素、木质素、粗灰分等，作为饲料其主要影响因素是纤维素和木质素。通过试验，柠条经过机械粉碎混合其他原料制成颗粒后，其利用率提高10%～20%。制粒使柠条体积变小，利于运输和采食，柠条粉碎制粒可以提高家畜的进食量。制粒后会增加淀粉和蛋白质的可溶部分，提高瘤胃降解率。颗粒化处理有利于纤维素的降解，因为颗粒化过程中对植物细胞壁、植物纤维结构、木质素进行了破坏，使柠条的紧密纤维素结构变的松散，瘤胃微生物易于吸附、入侵、消化，因而提高了瘤胃内纤维的降解率。虽然粗饲料经过粉碎而不制粒，动物的进食量也提高，但变异很大。而细粉碎再经制粒后，配合精料，营养全面，可以改善适口性，粗饲料的进食量明显提高。还有研究表明，饲料制粒过程中的加热作用，可增加过瘤胃蛋白质（不经过瘤胃微生物作用，而直接进入小肠的蛋白质）的数量，通过改善小肠氨基酸吸收量而有利于日粮进食。

柠条全价颗粒饲料的开发，能够充分的利用饲料资源，不受季节气候的影响，全天候的保证饲料来源，摆脱靠天养畜的局面，解决沙区因冬季较长时间缺草的矛盾，有效提高畜牧业生产。

② 柠条制粒技术：柠条经过初步搓揉后进行粉碎，根据饲喂动物的不同确定草粉的大小，饲喂牛羊的粉碎长度为1～3mm。颗粒饲料的制作就是将草粉通过制粒机压制成颗粒，颗粒可大可小，直径为0.5～1.5cm，长度为0.5～2.5cm，颗粒饲料减少了与空气的接触面，减轻氧化作用，保存了营养物质。

加工柠条颗粒最关键要调控原料的含水量，豆科饲草做颗粒最佳含水量为14%～16%；冷却后的颗粒含水量不超过11%～13%。由于柠条茎秆的纤维素含量较高，成粒性较差，只靠调整供含水量还不能压制出符合产品标准的全价颗粒饲料，通过与其他精料等相互配合进行制粒效果更好，可以增加适口性，改善柠条品质。一般在配合饲料中添加黏合剂，以利于柠条草粉成型。柠条颗粒体积小，密度大，便于运输和贮藏，但颗粒饲料容易吸潮氧化，进行贮藏时含水量要保持在15%以下。在高温、高湿地区，应加入防腐剂，以防发霉变质。饲喂试验表明，柠条经过粉碎后饲喂家畜，利用率提高50%，家畜采食量增加20%～30%，增重提高15%左右。

目前，饲料制粒技术在国内市场已经相当成熟，可供选择的机型很多，较为出名的有江苏正昌、牧羊等。笔者采用江苏正昌集团公司生产的SZLH30型环模制粒机进行柠条制粒试验，生产能力为410～650kg/h，约为精饲料的50%。加工好的草粉和颗粒饲料最好用麻袋或透气性好的编织袋盛装，保存在黑暗干燥的房间或专用库房，定期查看，即时饲喂。

（4）氨化处理

① 氨化处理意义：柠条经氨化处理后，通过氨解反应，破坏了木质素与多糖间的酯键，氨的弱碱性又使木质素纤维膨胀，消化酶渗透性增强，消化利用率提高。同时，由于氨化作用的氮源主要含非蛋白氮，所以氨化粗蛋白含量提高。因此，柠条经氨化处理后，营养价值、消化率、适口性均提高。采用尿素氨化的技术简单易行，便于推广。氨化柠条与未处理的柠条相比，反刍动物的采食量提高15%，消化率提高20%左右，粗蛋白含量提高6.2%。

② 氨化处理技术：将柠条粉碎成草粉或打成细丝状，原料新鲜，柠条含水量25%～40%，每千克柠条施加尿素30～50g。

操作技术：将尿素用温水溶解，配成1∶10的尿素溶液。铡短的柠条用尿素水喷洒拌匀，分层装池踏实。原料装填要高出池面30cm，以防下陷。上层用塑料膜封顶，泥巴封严。

管理技术：氨化时间受季节、气温影响。适宜季节 4~10 月，以 8~9 月最好，适宜温度为 0~35℃。气温为 0~5℃、5~15℃、15~20℃、20~30℃、30℃以上时，则氨化处理时间分别为 8 周以上、4~8 周、2~4 周、1~3 周、1 周。

氨化柠条质量主要通过感官鉴定，氨化好的柠条为棕黄色，有酸香味、糊香味，氨味也较浓，手摸质地柔软；氨化不成熟的柠条颜色与未氨化柠条颜色一样，没有糊香味，氨味较淡，质地没有变化。若无氨味，或发黑发黏，有霉味，说明氨化失败，不能饲喂。开池取用时要摊开放氨，晴天需要 10~12h，阴天需要 24h，待氨挥发后方可饲用。氨化柠条用量占饲草量的 40%~60%。

由表 5-12 可知，氨化处理后柠条粗蛋白提高 5.92%，粗纤维降低 0.9%，木质素降低 0.51%，无氮浸出物降低 2.75%；添加 5% 玉米氨化处理的柠条粗蛋白含量提高 6.32%，粗纤维含量降低 3.67%，木质素含量降低 1.32%，无氮浸出物含量降低 1.49%；添加 5% 玉米氨化处理的比未加玉米处理的粗蛋白含量提高 0.4%，粗纤维含量降低 2.77%，木质素含量降低 0.81%，无氮浸出物含量提高 1.26%。柠条在氨化时添加 5% 的玉米有利于提高粗蛋白的含量，降低粗纤维和木质素含量。

表 5-12　柠条氨化前后营养成分对比　　　　　　　　　　　（%）

处理方式	粗蛋白	粗脂肪	粗纤维	木质素	粗灰分	无氮浸出物
未处理柠条	9.85	2.76	16.48	27.75	4.45	35.18
氨化柠条	15.77	2.15	15.58	27.24	4.62	32.43
加 5% 玉米氨化柠条	16.17	2.67	12.81	26.43	4.98	33.69

注：所采样为 5 年生 12 月平茬整株

（5）青贮处理

① 青贮处理意义：青贮就是在厌氧条件下，利用乳酸菌发酵产生乳酸，使青贮原料的 pH 值在 4.2 以下，所有微生物过程都处于被抑制状态，而达到保存青饲料营养价值的目的。但是这种状态的形成并不是青贮工作一开始就出现，而是经过微生物的复杂演变过程才形成。

青贮柠条可保持青绿多汁饲料的营养，减少营养物质的损失；改善柠条的营养价值，提高适口性、消化率；可以长期保存，便于饲养管理。

② 青贮处理方法：含水量的调节：在盛花期收割柠条，营养成分最好，原料新鲜，水分含量 50% 左右，将柠条粉碎成草粉或打成细丝状，含水量需保持在 50%~70%。在柠条粉中添加水分以保证顺利青贮，添加水分时，多以手抓法估测含水量，将铡碎的原料拌水后，在手里握紧成团，20~30s 后将手松开，若草团不散开，且有较多的水分渗出，其含水量大于 75%；若草团不散开，但渗出水分很少，含水量 70%~75%；若草团漫漫散开，无水分渗出，含水量 60%~70%；若草团很快散开，含水量小于 60%。

含糖量的调节：青贮原料中应有充足的糖分，青贮原料的含糖量不低于鲜质量的 1%，糖分不足，青贮时产生的乳酸就少，有害微生物就会活跃起来，青贮饲料就会霉烂变质。柠条中糖分不足，在青贮时应补充糖分。

青贮操作：5~9 月柠条收割后切碎、压实、排空气，有益于乳酸摄取糖分和乳酸菌繁殖，切碎也有益于家畜采食。装填时原料要逐层平摊，逐层压实，原料装满压实后，要及时进行封盖。原料装填要高出池面30cm，以防下陷，上层用塑料膜封顶，泥巴封严，防止漏气，青贮变质。

20～40d便能完成发酵过程，用时即可开池使用。良好的青贮柠条呈黄绿色，酸味浓厚，有芳香味，质地柔软。若有陈腐的臭味或令人发呕的气味，说明青贮失败，霉味说明压的不实，空气进入了青贮池。

由表5－13可知，经过青贮处理后，粗蛋白含量降低0.06%，粗纤维含量降低1.6%，木质素含量降低2.68%，无氮浸出物含量降低1.87%，青贮处理可以改变柠条营养成分含量，有利于家畜消化吸收。青贮柠条饲料具有酸香味，刺激家畜食欲，有助于消化，是家畜的优良饲料，一般每天饲喂量占所需干物质的1/3左右。

表5－13　青贮柠条饲料营养成分的对比　　　　　　　　（%）

处理方式	粗蛋白	粗脂肪	粗纤维	木质素	粗灰分	无氮浸出物
未处理柠条	8.87	2.95	16.35	26.29	3.69	38.97
青贮柠条	8.81	3.25	14.75	23.61	5.02	37.10

注：所采样为5年生4月平茬整株

（6）膨化技术

① 膨化处理的意义：柠条在膨化处理时，利用蒸汽的热效应，在高温下使木质素熔化，纤维素分子断裂、降解，同时因高压突然卸压，产生内摩擦喷爆，使纤维素细胞撕裂，细胞壁疏松，从而改变了粗纤维的整体结构和化学链分子结构。膨化处理时，柠条纤维细胞间木质素溶解，氢链断裂，纤维结晶降低。当突然喷爆时，木质素就会熔化，同时，发生若干高分子物质的分解反应；再通过喷爆的机械效应，应力集中于木质素的脆弱结构区，导致壁间疏松、细胞游离，柠条颗粒便会骤然变小，而总面积增大，从而达到质地柔软和味道芳香的效果，提高了柠条的采食量和消化率。

② 膨化处理的技术：膨化是将柠条装入密闭的膨化设备内，用高温（200℃）高压（1.5MPa）水蒸气处理一定时间后，向机内通入热饱和蒸汽，经过一定时间后使物料受高压热力的处理，然后对物料突然降压，使物料变为更有价值的饲料。膨化水分控制在30%～40%时，容易膨化，柠条颜色呈现亮黄色，具有熟豆类的香味；水分含量高时，膨化出来的柠条呈现暗灰色，味道也不明显。

由表5－14可知，膨化处理后的柠条比未处理的柠条粗蛋白含量提高1.5%，粗纤维含量降低2.46%，木质素含量降低0.42%，无氮浸出物含量增加2.01%；添加5%尿素膨化处理的柠条粗蛋白含量提高10.53%，粗纤维含量降低1.37%，木质素含量降低3.03%，无氮浸出物含量降低8.69%；添加5%尿素膨化处理的比未加尿素膨化处理的粗蛋白含量提高9.03%，粗纤维含量增加1.09%，木质素含量降低2.62%，无氮浸出物含量降低10.7%。柠条在膨化时添加5%的尿素有利于提高粗蛋白含量，降低木质素含量，粗纤维含量略高于未加尿素膨化处理的柠条。

（7）柠条微贮饲料　柠条微贮就是在柠条草粉中加入微生物活性菌种，放入缸中或水泥池中经过一定的发酵过程，使柠条变成带有酸香味、家畜喜食的粗饲料。

菌种的复活：一般微贮剂所含菌种处于休眠状态，使用前要用30℃的温水活化菌种30min，使微生物菌种复苏，利于菌种生长，缩短微贮周期。将复活好的菌剂倒入充分溶解的0.8%～1.0%的食盐水中拌匀。微贮宝50g可处理1 000kg柠条。

微贮饲料制作的工艺流程

柠条枝条粉碎→入池（窖）→压实→封池（窖）→成品

↑

微贮发酵剂干菌活化→喷洒←营养物质

表 5 - 14　膨化柠条饲料营养成分的对比　　　　（%）

处理方式	粗蛋白	粗脂肪	粗纤维	木质素	粗灰分	无氮浸出物
未处理柠条	7.42	3.95	12.42	30.45	2.65	35.35
膨化柠条	8.92	3.82	9.96	30.03	4.28	37.36
膨化柠条（5%尿素）	17.95	2.82	11.05	27.42	3.64	26.66

注：所采样为5年生2月平茬整株

含水量的调节：微贮柠条含水量60%～65%最理想，需在柠条粉中添加水分以保证顺利微贮。添加水分时，将铡碎的原料拌水后，用双手扭拧，若有水向下滴，其含水量大于80%；若无水珠，松开后看到手上水分明显，约为60%；若手上有水分（反光），为50%～55%；感到潮湿，为40%～45%；不潮湿，则在40%以下。

营养物质的添加：根据当地情况，发酵初期为菌种的繁殖期，加入1%的玉米粉、麸皮以提供一定的营养物质，提高微贮饲料的质量。添加时，铺1层柠条草粉撒1层玉米粉、麸皮，再喷洒1次菌液。

微贮制作：用于微贮的柠条要用粉碎机粉碎，养羊用的柠条草粉3～5cm，养牛用的柠条草粉5～8cm，将柠条草粉铺在池底，厚20～25cm，喷洒菌液，压实，直至高出池口40cm再封口。分层压实是为了迅速排出柠条草粉中存留的空气，给发酵繁殖造成厌氧环境。当柠条草粉压实到高出池口40cm时，再充分压实，在最上面一层均匀撒上食盐粉，压实盖上塑料薄膜后，覆土15～20cm密封。

夏季10～15d便能完成发酵过程，冬季需要时间较长，用时即可开池使用。良好的微贮柠条呈黄绿色，酸味浓厚，有芳香味，质地柔软；微贮干柠条呈亮黄色，醇香味和果香味，并有弱酸味。若有强酸味，表明醋酸较多，主要由于水分过多和高温发酵造成；若有陈腐的臭味或令人发呕的气味，说明微贮失败，霉味说明压的不实。

由表5-15可知，微贮粗蛋白、粗脂肪、粗纤维、木质素含量变化不大，粗灰分含量增加1.36%，无氮浸出物含量增加2.59%。

表 5 - 15　柠条微贮处理营养成分的对比　　　　（%）

处理方式	粗蛋白	粗脂肪	粗纤维	木质素	粗灰分	无氮浸出物
未处理柠条	9.67	2.72	41.36	25.23	4.80	32.68
微贮柠条	10.31	3.35	40.33	24.84	6.16	35.27

注：所采样为5年生7月平茬整株

（8）柠条生物发酵饲料利用技术

①技术概况：柠条产量高、营养价值高，但其表面带刺，且含有鞣酸、单宁等抗营养物质，适口性、消化率差。该技术通过物理加工，添加复合生物菌剂、发酵、调制成柠条生物发酵饲料，即改善了采食适口性，又解决了非常规饲料资源不能被高效利用的难题。

该技术在内蒙古农区和农牧交错区得到了广泛推广应用，取得了良好的经济和生态效益，已获得国家发明专利授权。

②加工方法

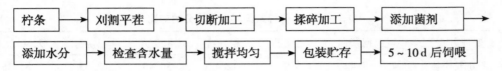

③饲养效果（表5-16，表5-17）

表5-16 柠条生物发酵饲料羔羊育肥试验

组别	精料 B 饲喂量（kg/d）	粗饲料用量（kg/d）
对照组	0.84	玉米秸粉 0.30 + 青贮玉米 0.80
试验组	0.84	玉米秸粉 0.35 + 发酵柠条 0.35

表5-17 柠条发酵饲料育肥效果对比

组别	育肥只数	育肥天数	日增重（g）	饲料投入（元/只）	纯收入（元/只）
对照组	15	46	180.80 ± 89.74	87.4	24.420 8
试验组	15	46	193.80 ± 74.03	81.88	25.516 8

（9）小结 柠条作为家畜饲料，低消化率和低摄入量以及高纤维含量，通过以上几种处理方法得以解决。在处理的过程中，还要考虑柠条处理时所需的费用、能耗、设备等，依据自身的实际情况，采取相应的处理方法，以获取最佳处理效果。以上几种处理技术，制粒、膨化需要具有颗粒机械设备、电力、资金、厂房、劳动力、操作技术等基础条件，适合于大型养殖户、饲料加工厂。氨化、青贮、微贮不需要太多资金、厂房等基础设施，操作简单容易掌握，适合于小型养殖户（图5-3至图5-8）。

柠条饲料利用技术研究涉及林牧生产、机械研制、饲料加工、生态建设等诸多领域。目前所面临的主要问题是机械加工，特别是柠条平茬机具和粉碎机具的效率、耐磨性与成本等问题。解决这些问题的关键除了要从压缩柠条平茬周期，提高柠条资源利用频度外，还要从机械加工研制的角度入手，本着低成本、低磨损、高效率的指导方针，以适合农户使用的小型机具的研制为突破口，以大型机组特别是自喂料粉碎组为最终研发目标，加大机械研究的投资力度。只有很好地解决了柠条平茬、机械加工的效率、成本和自动化等问题，才能从真正意义上实现柠条资源的产业化开发和规模化发展，促使柠条资源的开发与利用向健康有序的方向发展，提升养殖业的转化增值力度，使生态资源优势有效地转化为经济优势；才能实现退耕还林退得下、稳得住的宏伟目标，显著提高农民的经济收入；才能形成持续稳定的林草产业体系，带动生态、畜牧和区域经济建设等诸多领域的发展，实现生态、经济和环保效益三盈的目标。

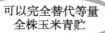

可以完全替代等量
全株玉米青贮

图 5-3　柠条收割平茬机

图 5-4　国家专利证书

图 5-5　柠条平茬收割

图 5-6　柠条粉碎

图 5-7　柠条粉碎现场

图 5-8　柠条拌菌发酵

二、沙棘的营养价值及饲料化技术

(一) 沙棘概述

沙棘 (*Hippophae rhamnoides* L.) 又名醋柳、酸刺，为胡颓子科 (Elaeagnaceae) 沙棘属 (*Hippophae*) 雌雄异株的灌木或亚乔木落叶树种，主要分布在中国、俄罗斯、蒙古等国海拔 1 000～4 000m 的高原地带。沙棘在我国西南、西北、东北广为分布和栽培。沙棘是一种良好的生态经济树种，根系发达，具有耐干旱、耐瘠薄、生命力强的特点，可在恶劣环境下生长。其根部的根瘤菌，具有极强的固氮能力，是防治土地荒漠化、防止水土流失，改善生态环境的优良植物。沙棘也是一种具有药用价值的植物，早在 1 000 多年前就被藏医、蒙医用来入药；1977 年被录入国家药典，同时也是国家卫生部规定的药食同源物种之一。嫩枝叶的饲用价值很高，是发展畜牧业的优良树种；沙棘的根、茎、叶、花，特别是果实，含有丰富的营养物质和生物活性物质，可以广泛应用于食品、医药、轻工、航天、农牧渔业等国民经济的许多行业和部门。近年来，随着科学技术的不断发展，由沙棘果实提炼的沙棘油含丰富的生物活性物质，在预防治疗癌症、冠心病、心绞痛等方面有良好疗效并具有抗辐射、健肾的作用。由于沙棘适应性强，栽培管理技术易于掌握，生态经济价值高，已成为我国黄河中游黄土高原及西部贫困地区脱贫致富的重要经济植物资源，其相关的研究报道较多。

从国外的研究来看，俄罗斯是世界上沙棘育种最早、最有成就的国家，育种工作开始于 20 世纪 30 年代，70 余年来，俄罗斯已选育出 100 多个具有优良性状的经济品种，并将其推广于生产上获得了很好的经济效益。我国对沙棘的深入研究起步较晚，在 20 世纪 80 年代初期开始调查研究。在沙棘属植物的 7 种 11 亚种中，中国产 7 种 7 亚种，其中 2 亚种是近几年发现的新类群，因而我国是沙棘属植物种质资源最丰富的地区，也是世界上沙棘资源蕴藏量最大的国家 (图 5－9)。目前，我国沙棘林近 200 万 hm²，占世界沙棘林面积的 90% 以上。在我国的沙棘资源中，中国沙棘 (*H. rhamnoides* L. sub sp. *sinensis* Rousi) 占全国总面积的 90% 以上。因此，我国沙棘资源的开发利用以中国沙棘为主。早在 20 世纪 60 年代初，伊克昭盟水土保持科技人员就列项在准格尔旗伏路水土保持试验站进行裸露砒砂岩植物改良的试验研究，并取得了可喜的成绩。证明了在风化和未风化的砒砂岩上沙棘可以较好的生长。1990 年，黄委会在郑州会议上将沙棘治理砒砂岩正式立项，成为黄河中上游沙棘示范区建设重点。截至 2004 年，东胜区累计种植沙棘面积为 27 072hm²，保存面积达到 21 000 hm²；准格尔旗到 2001 年已完成沙棘造林面积 5.46 万 hm²，保存面积 3.85 万 hm²，大部分已郁闭成林。

(二) 沙棘叶的营养及饲用价值

沙棘叶的粗蛋白含量较高，为 11.47%～22.92%，平均为 17.63%，其中，以江孜沙棘叶最高 (22.92%)，肋果沙棘叶最低 (11.47%)，除肋果沙棘外均比紫花苜蓿高，与苜蓿干草、红三叶相当；粗脂肪含量为 3.43%～6.10%，平均为 4.69%，比红三叶高，明显高于白三叶、紫花苜蓿和苜蓿干草，其中以江孜沙棘叶的粗脂肪含量最高，印度沙棘最低；沙棘叶的粗纤维含量为 14.28%～19.72%，均值为 16.79%，明显低于红三叶、苜蓿干草和紫花苜蓿，其中以肋果沙棘叶的粗纤维含量最高 (19.72%)。云南沙棘叶最低 (14.28%)；沙棘叶的粗灰分含量为 3.86%～7.61%，均值为 5.12%，明显低于红三叶、白三叶、苜蓿干草和紫花苜蓿；沙棘叶的无氮浸出物含量为 48.36%～61.30%，均值为 55.89%，明显高于红三叶、白三叶、苜蓿干草和紫花苜蓿；中国沙棘叶的磷、钙含量比苜蓿干草高（表5-18）。

图5-9 沙棘的形态

表5-18 沙棘叶的营养成分

种类	粗蛋白	粗脂肪	粗纤维	粗灰分	磷	钙	无氮浸出物
中国沙棘叶	17.2	4.8	16.6	4.9	0.26	2.63	52.8
云南沙棘叶	19.28	4.36	14.28	5.06	—	—	57.78
中亚沙棘叶	15.18	5.61	17.35	5.10	—	—	56.76
江孜沙棘叶	22.92	6.10	16.52	6.20	—	—	48.36
柳叶沙棘叶	18.79	4.08	16.43	4.57	—	—	56.13
西藏沙棘叶	16.44	5.46	16.66	3.36	—	—	58.08
肋果沙棘叶	11.47	3.68	19.72	3.83	—	—	61.30
印度沙棘叶	19.78	3.43	—	7.61	—	—	—
苜蓿干草	18.7	2.1	27.5	8.6	0.20	1.49	32.1
红三叶	17.1	3.6	21.5	10.2	—	—	47.6

（续表）

种类	粗蛋白	粗脂肪	粗纤维	粗灰分	磷	钙	无氮浸出物
白三叶	24.7	2.7	12.5	13.0	—	—	47.1
紫花苜蓿	14.90	2.30	28.30	9.60	—	—	37.30

国内进行的沙棘叶对断奶仔猪增重的试验表明：在日粮中添加饲喂 2% 的沙棘叶，试验猪日增重比对照组提高 36～39g，增重率提高 15.37%～7.60%；饲料转化率提高 1.83%～7.60%；中国农业科学院中兽医研究所就对沙棘叶、沙棘渣的毒理学特性作了试验。结果表明，长期饲喂沙棘叶对动物安全可靠，无蓄积性毒害，且对畜禽的生长、生产性能具有不同程度的促进作用。张彩芳研究表明：每只奶山羊每天添加饲喂 50g 沙棘叶，可提高产奶量 6.24%～6.88%，提高饲料转化率 4.55%～6.14%；习文东用沙棘枝叶喂奶山羊增重提高 36.1%；肉用仔鸡添加 3% 的沙棘叶，可增重 3.90%～5.74%，提高饲料转化率 4.74%～11.76%。刘绪川研究表明：鸡添加 3%～5% 的沙棘叶，可提高产蛋率 8.7%～11.3%，并使蛋黄色泽明显变深，胆固醇含量降低；马三保研究表明，沙棘枝叶比小麦秸、玉米秸、大豆秸和苜蓿草粉的干物质降解率有明显的提高，超过了其他秸秆、饲草的降解水平，因此沙棘叶作为一种粗纤维饲料，提高了其粗纤维的利用率。这些事实说明，沙棘叶是极好的饲料或饲料添加剂。

国外学者提出，沙棘叶对畜禽有祛病扶壮作用。沙棘叶浸膏可治疗犊牛腹泻、肠痉挛、皮疹和风湿等病；用沙棘叶长期喂养绵羊、兔、雏鸡等畜禽，均无蓄积性毒害发生，无致癌或促发肿瘤作用，安全可靠，并有促进免疫细胞发育，提高抗病力的作用；试验证明，沙棘叶对治疗和预防羔羊及犊牛消化不良症具有良好的效果。饲喂沙棘叶可增强消化液的分泌及消化道的蠕动机能，提高胃液的酸度，使消化能力增强。可有效地预防和治疗羔羊的消化不良及肠胃疾病，从而减少羔羊发病的死亡率，提高成活率；对牛的消化不良引起的拉稀有特殊预防和治疗作用。另据报道，加喂沙棘叶可有效改善猪胚胎生长发育和减少仔猪的死亡率。无论是发病防治，还是促进生长方面，以上试验均证明，沙棘是一种有待开发的绿色植物饲料宝库。

（三）沙棘饲料的开发利用

近年来，随着"植树种草、恢复植被"口号的提出，沙棘属植物以其多样性及其广泛的适应性被选定为主要造林树种之一，沙棘造林得到迅速发展。

在我国西北、东北的许多地区，由于气候干燥，植被稀疏，天然草地面积不足，许多优良栽培牧草难以推广，饲料不足成为限制当地畜牧业发展的主要因子，而试验表明，沙棘适宜于在该地区广泛栽培，在该地区发展沙棘饲料产业是该地区脱贫致富的突破口。因为：①沙棘抗逆性强、适应性广、速生、萌生力强，在相当长的一段时间内可平茬复壮，且营养价值高，合理经营，可形成持续发展的饲料产业；②沙棘饲料林造林容易，能在较短时间内生产大量嫩枝叶，快速解决牧区饲料问题；③气候、环境恶劣地区，营造沙棘林，不仅能够保持水土，改善当地的生态环境，而且能为畜牧业提供饲料，增加农民的经济收入，提高农民造林的积极性，对于促进该地区畜牧业的发展具有重要意义；④沙棘饲料林具备草本植物的适口性和木本植物的再生性，并能在单位面积上提供更多产品，促进工厂化养畜。

因此，沙棘饲料产业是一个有广阔市场前景的产业领域，但该产业在我国的发展刚刚起步，在今后的发展中，需继续加强沙棘建设，增加沙棘饲料资源，因地制宜，大力发展沙棘饲料林，转换经营机制，强调沙棘饲料产业的综合性。可依据不同目的营造沙棘用材林、果用林、饲料林、水土保持林、经济林、多功能防护林、以林为主，林牧工副综合发展，建立畜禽饲养场，利用沙棘饲料资源，生产绿色食品，以寻求高效开发的最适途径。

三、胡枝子的营养价值及饲料化技术

（一）胡枝子概述

胡枝子属于豆科（Leguminosae）胡枝子属（*Lespedeza* Turcz）。该属约有 100 种，我国约有 65 种。为多年生灌木，喜阳光，稍耐庇荫，常生于丘陵、荒山坡、灌丛、杂木林间及林缘地带。茎直立，植株高 1~2m，多分枝，通常丛生；三出复叶，小叶倒卵形或椭圆形，有长叶柄。总状花序，花梗长 4~15cm，花紫色或紫红色。其生长期从每年 4 月直到冬季霜冻来临，每年 5~8 月是生长的旺盛期，7 月中旬至 9 月上旬为花期，9 月上旬至 10 月中旬为果期。胡枝子具有感夜运动现象（日落后叶片闭合），这是由于胡枝子中含有的一种生物活性物质作用引起的。胡枝子具有根系发达、生长迅速、分蘖力强的特性，直根、侧根沿水平方向发展，呈网状密集分布于 10~15cm 的表土层内。孙启忠等研究发现，达乌里胡枝子（*Lespedeza davurica*）根系生长 50d 后，其入土深达 30cm，100d 后深达 50cm，生长 2 年后达 100cm，多年野生植株根系可达 140cm，水平根也较发达。胡枝子最适生长温度是 15~25℃，最适宜的土壤水分即相对含水量为 60%~80%，对土壤要求不严格，在自然条件下，沙砾土上也能生长。它在含腐殖质较多的丘陵地厚棕壤上生长最好，其次是中层暗棕壤，然后是砂质暗棕壤，在干旱贫瘠的酸性土壤上也有较高的产量。

大多胡枝子具有耐干旱、耐贫瘠、耐寒冷（可耐 –45℃的绝对低温）、耐热、耐酸、耐割等特性，而且抗病虫性很强；它能在土壤有机质含量低于 5g/kg、水解氮含量低于 5mg/100g 土的花岗岩流失区白沙土层中生长，也能在非常瘠薄的第四季红黏土网纹层中生长；在夏旱和秋旱十分严重的条件下，在有效水含量小于 10% 的土层内，都能表现出良好的长势。胡枝子非常耐贫瘠，在干旱贫瘠的酸性土壤上有较高的产量（图 5–10）。Mkhatshwa-PD、Hoveland-CS 通过对胡枝子在不同 pH 值梯度和不同海拔的实验研究中发现，胡枝子种植在 pH 值为 4~6 的酸性中高海拔（900~1 500m）的土壤中产量最高，生物量高达 9 390~12 210kg/hm^2，在土层肥厚的土壤上生长最好、产量最高。栽植方式的不同对胡枝子的生长影响也较大。梁音等在第四纪红黏土侵蚀劣地上采用营养穴栽植胡枝子时发现，穴栽胡枝子单位面积的生物量大于非穴栽的生物量，而且穴栽胡枝子的地上及地下部分长势远优于非穴栽者。可见，在优越的生长环境中，胡枝子的生物量将成倍增长。

胡枝子为中旱生草本、半灌木、灌木，广泛分布于我国东北、内蒙古、山东、山西、河南、湖北及陕西等省区，具有很大的自然分布面积。日本、朝鲜、俄罗斯、北美、澳洲等地也有大面积的自然分布或人工栽培。它具有抗旱、耐寒、耐瘠薄等特性，是优良的水土保持树种；其适口性好，粗蛋白质和粗脂肪含量高；返青早、枯黄晚、绿期长，是改良干旱、半干旱区退化草地和建植人工放牧地的优良饲用型灌木。另外，还具有医用等多方面的用途。因此，国外从 20 世纪初就开始了对其进行引种和研究工作，取得了一系列的成果。胡枝子做为灌木饲草和环境保护植物，近年来，受到格外重视。华北、东北开始栽培驯化，由于胡枝子的适应性强，饲用价值高，栽培面积不断扩大。

图 5 – 10　胡枝子的形态

　　胡枝子纯林干草年产量一般为 $1.5 \times 10^4 \sim 3.0 \times 10^4 kg/hm^2$，而胡枝子-草的混合系统，其年干草产量能达到 $3.0 \times 10^4 \sim 4.5 \times 10^4 kg/hm^2$。收割胡枝子，第 1 次要在 5 月中旬至 5 月底进行，同时要彻底清除杂草，第 2 次一般在 8 月初进行。如若第 1 次收割给耽搁了，将会严重影响到第 2 次的产量，2 次产量就只能达到 $30t/hm^2$。在 8 月初花期前收割胡枝子，虽然年产量会有所下降，但此时期其营养成分含量高，而且再萌生的枝条到秋季同样能够开花结实。胡枝子适用于各种家畜，尤其适用于牛的养殖饲料。通过胡枝子的收割研究表明，经过有限次数的收割就获得了较高的单产。

　　（二）胡枝子的营养及饲用价值

　　胡枝子营养价值高，可作为干饲料和优良的饲料添加剂。截叶胡枝子在孕蕾期～初花期进行收割，经太阳自然晒干后粉碎可加工成优质的干草粉。江西省鹅鸭场 1995 年以 10%、15%、20% 的美国截叶胡枝子草粉进行饲喂肉鸭试验，结果表明，以添加 10% 的试验组效果最好。其 49 日龄平均体重比对照组增加 0.16kg，每增重 1kg 耗精料比对照降低 0.0276kg，降低成本 0.22 元。吴志勇以 10% 的胡枝子草粉替代肉鸭部分日粮，不仅节约了粮食，同时，提高养鸭效益 5% 左右。宋静等在麝鼠饲料中添加 3% ~6% 的胡枝子粉，总采食、总增重及料肉比实验组均高于对照组，而且可减少饲料用量 10% 左右。

美国许多大牧场都种植着胡枝子，胡枝子牧草适用于各种家畜，尤其对牛羊的价值特别高。在美国的阿肯色州一个叫贝茨的小镇，经过 5 a 的放牧实验研究发现，以胡枝子喂养的 1 岁牛犊平均每天增重 0.82kg。在 7～8 月经过 80d 的放牧实验发现，胡枝子牧场的放牧率为 16.5～22.5 头/hm^2。在美国密苏里州早期对用胡枝子喂养牛对牛肉产量影响的研究中发现：在小麦-胡枝子的混交复合系统中每公顷能产出牛肉 1 950kg，1 岁牛犊平均每天增重 0.77kg；在密苏里州北部一胡枝子与草本植物的混交牧场中，在牧场没有施用 N 肥的条件下，平均每公顷能产出牛肉 1 365kg，1 岁牛犊平均每天增重 0.92kg。

胡枝子枝叶繁茂，适口性好，各种家畜都喜食。尤以山羊、牛最喜食。山羊可将 0.2～0.3m 的嫩茎嚼食。若将枝叶晒干，或制成草粉，兔、鸡、猪均可食。胡枝子的粗蛋白质含量高，纤维素较少，钙、磷也较为丰富（表 5－19、表 5－20 和表 5－21）。

表 5－19　胡枝子的化学成分

分析部位	采样地点	生育期	水分	占干物质（%）					钙	磷
				粗蛋白	粗脂肪	粗纤维	无氮浸出物	粗灰分		
全株	北京	分枝期	6.5	13.4	4.7	25.1	49.8	7.0	1.18	0.2
叶	北京	开花期	8.1	17.0	5.9	15.8	53.4	7.9	1.94	0.26
茎	北京	开花期	7.3	4.0	0.9	49.6	43.2	2.3	0.34	0.51
全株	北京	开花期	8.7	14.1	3.6	24.7	51.3	6.3	1.22	0.26
全株	河北	苗期	8.2	10.4	2.4	22.3	57.2	7.7	1.19	0.17
全株	河北	结果期	9.4	16.4	1.8	24.4	51.4	6.0	0.96	0.17

表 5－20　胡枝子在反刍动物干物质中能量价值及有机质消化率

采样地点	采样部位	粗蛋白质（%）	粗脂肪（%）	有机物质消化率（%）	消化能（×10^{4}J/kg）	化谢能（×10^{4}J/kg）	产奶净能（×10^{4}J/kg）
北京	全株	15.00	4.96	57.62	1 018	804	724
北京	叶	18.18	5.27	53.30	948	709	665

表 5－21　胡枝子不同生育期器官单宁的含量　　　　　　（占 DM%）

器官	分枝期	孕蕾期	盛花期	结实期	枯黄期
叶	2.33	3.20	4.34	3.42	2.77
茎	0.77	1.63	1.42	1.26	1.24
花	—	—	5.23	—	—
果	—	—	—	2.43	1.38

胡枝子植株中含有单宁。在牧草中，单宁含量过高会影响适口性及消化率，但单宁也可将豆科牧草中部分可溶性蛋白质凝缩沉淀，使其含量降低到不足以引起其在瘤胃中形成稳定性泡沫的水平。

综上所述，胡枝子的营养价值较高，是一种优良的饲用灌木资源，具有良好的开发前景。

（三）胡枝子的开发与利用

1. 胡枝子茎叶的粗蛋白、氨基酸、粗纤维等营养成分含量高，营养丰富，耐刈割，年生物量大，是优良的饲用灌木，可以作为鸡、鸭、鹅、牛、羊、兔等的青饲料，也可加工成干饲料和饲料添加剂。胡枝子属植物中的生物碱、黄酮、甾醇和有机酸等化学成分对肾功能不全等症有显著疗效，具有重要的药用价值。

2. 在草场少、生产能力差且胡枝子资源丰富的地区，开发利用胡枝子，对发展畜牧业生产具有十分重要的意义，胡枝子的生长不需农田、不争土地（多生于林中或林缘）不需管理，基本上是旱涝保收，而且营养价值高，再生能力强，因此，开发利用胡枝子，对畜牧业生产的发展具有广阔的前景。

3. 前人研究表明，胡枝子完全可以代替被称为牧草之王的紫花苜蓿饲喂绵羊，而且饲料成本较同比例的苜蓿混合料降低 20% 以上。绵羊对胡枝子非常喜食，用户可根据自己的饲料资源情况，调整胡枝子在日粮中的比例，饲喂绵羊。

4. 胡枝子的开发利用，在畜牧业生产当中应给予足够的重视，要合理有效地开发利用这一宝贵资源，同时也要注意保护生态环境免遭破坏。

四、刺槐的营养价值及饲料化技术

（一）刺槐概述

刺槐（*Robinia pseudoacacia* L.）是多年生豆科树种，原产美国，现在我国栽培引种较为普遍，资源十分丰富。刺槐素有"饲料树"之称，其叶柔嫩多汁，适口性好，特别是其蛋白质含量高、营养价值丰富，为畜禽的上等饲料。另外，刺槐萌蘗性强，属浅根性树种，根系发达，具根瘤，有较好的抗旱、耐瘠薄能力，有利于生态环境恶劣地区的水土保持、防风固沙、土壤改良和气候条件的改善等。从这一点讲，开发刺槐生产，营造刺槐饲料林，在建设生态畜牧业和环境保护方面更具有特殊的地位和作用。为了充分开发利用这一优良资源，本文简述了其营养价值、栽培及加工利用方面的研究成果，并在此基础上对专门用作饲料的四倍体刺槐引种 10 多年来的研究积累进行了简要论述（图 5-11）。

（二）刺槐的营养及饲用价值

1. 刺槐枝叶的营养价值

刺槐叶中营养成分含量丰富，粗蛋白含量达 201.8g/kg，维生素 E 含量高达 124.27 ~ 303.60mg/kg，含有 17 种氨基酸，17 种氨基酸的总含量为 136.1g/kg，且随树龄增大而提高；并含有 Ca、P、Fe、Cu、Mn、Zn 等多种矿物质元素等。枝条营养成分含量较叶子低，而粗纤维含量大大高于叶片。刺槐叶中粗蛋白、全 N、全 P、Cu、Fe、Zn 等随季节的推移逐渐减少，而粗纤维、维生素 E、Ca 逐渐升高，Mn 含量较平稳。刺槐叶营养成分虽然随季节变化，但各种营养成分含量在生长季节里都较高，所以，各种树龄的刺槐叶均可在生长季节采集并加工成饲料加以利用。Burner 等的研究结果也表明，刺槐的营养价值由于叶片老化而降低，但在生长季节末期其饲料品质还能满足牛的最低饲用要求。另据范文秀等测定，鲜刺槐叶中含有丰富的蛋白质、维生素 C、氨基酸和糖分；锌含量是干苜蓿草粉的 4 倍；Co 含量是一般干牧草含钴量的 5 ~ 10 倍；并含有丰富的营养元素，各种微量元素含量由高到低的顺序为 Ca、Mg、K、Na、Fe、Zn、Mn、Cu、Co、Cr；有害金属元素 Pb 含量为 1.05mg/kg，Cd 含量为 0.13mg/kg，两者均低于国家饲料的标准（Pb≤5mg/kg，Cd≤0.5mg/kg）。

图 5 – 11 刺槐的形态

2. 刺槐枝叶的饲用价值

刺槐饲用价值的报道已见诸多文章。石传林研究表明，鲜刺槐叶糊青绿多汁，能刺激蛋鸡多采食，并能补充蛋鸡部分营养，因而能提高蛋鸡产蛋率，而且，种鸡受精率的高低与饲料所含维生素、蛋白质的含量有很大关系。而鲜刺槐叶糊中含有大量的叶绿素和维生素，能够补充种鸡对维生素的需要量，提高种公鸡的精液品质和精液量，刺激种鸡生殖机能，因此，能显著提高种蛋受精率。冉玉娥等和 Yang Jiabao 的试验都表明，在蛋鸡日粮中添加一定比例（5%～8%）的槐叶粉，替代部分蚕蛹和复合蛋白料（3%之内）具有提高产蛋率、降低料蛋比，提高饲料转化率，提高经济效益的作用。但张书贤等发现，在依沙褐初产蛋鸡日粮中添加刺槐叶粉，可能导致产破壳蛋、软壳蛋，主要原因是刺槐叶粉中的磷以植酸磷形式存在，消化率低，导致钙磷比例与实际估测钙磷比例不符。另外，詹明克等研究发现，用刺槐叶粉育雏鸡，育雏率略高于敌菌净的效果，而且，刺槐叶粉在治疗鸡白痢、球虫等病中，与复方敌菌净、呋喃唑酮药物具有同样的防治效果。这可能是由于刺槐叶粉不仅有杀菌灭球虫之功能外，还可能有调节胃肠功能、增强机体抵抗力的物质存在。

同样，用槐叶粉代替 50%苜蓿粉制成颗粒饲料饲养兔子，不仅对兔子增重无显著影响，还降低了 10%的成本；但当用刺槐叶粉全部代替苜蓿粉后，则显著抑制了兔子的增重。这可能与纤维素的含量不足，影响了消化道的正常蠕动和营养物质的吸收有关。张恒业等研究也发现，利用6%和10%的刺槐叶粉分别代替3%和5%的豆饼饲养生长期家兔，尽管饲料中蛋白质的含量和消化能有所下降，但并不影响增重效果和料肉比；而且，加入刺槐叶粉后的饲料粗纤维比例无明显变化，对兔的消化生理机能并无大的影响；另外，饲料的适口性增强，家兔采食速度加快。Singh等和Tiwari等的研究也表明，槐叶粉是饲喂兔子的优良饲料。

刺槐叶营养丰富，适口性好，不仅是饲喂畜禽的优质饲料，也是水产养殖的一种优质饲料来源。在饲料中添加适量鲜刺槐叶糊饲喂罗非鱼对罗非鱼生长无不良影响，并可提高成活率、增重率，降低饲养成本，增加养殖效益。

3. 刺槐枝叶的抗营养因子

众多研究认为，刺槐叶片的化学成分丰富、饲喂消化率高、动物增重明显，具有很高的饲用价值，但杨加豹和Cheek的研究表明，刺槐叶粉降低了兔日粮养分消化率，引起生长抑制。徐载春也发现，刺槐叶粉对山羊的消化率不高。

深入研究发现，刺槐叶粉饲养价值的降低主要应归于刺槐叶中单宁（主要为缩合单宁）等抗营养因子的影响。单宁是一种自然存在于植物的多酚类物质，它能和蛋白质（包括消化酶）及纤维素、半纤维素、果胶等聚合物形成稳定复合物，从而影响营养物消化利用。

Raharjo等的研究发现，在兔肠中刺槐叶粉日粮形成了不易消化的蛋白—单宁—纤维素复合物。然而，众多研究表明，单宁对营养价值有正负两方面的影响。单宁浓度高时会降低蛋白质和碳水化合物的吸收，并降低动物的生产性能；当单宁浓度适中时，可防止瘤胃鼓胀，增加非氨态氮和必需氨基酸由瘤胃的流出，提高蛋白质的利用率。

4. 刺槐饲料林生物量季节变化

刺槐饲料林生物量测定结果表明：叶片在5月以前生长缓慢，6~7月生长最快，8~9月生长减缓，刺槐饲料林每公顷年生产叶量达3 384.8kg；枝生长量在5~6月缓慢增长，7~8月生长达高峰期，9月以后生长减慢，每年生产枝量达3 799.6kg/hm²；年生产生物总量达7 184.4kg/hm²，生物总量5月缓慢增长，6~8月达高峰期，9月减缓。刺槐饲料林高生长在5月比较缓慢，6月迅速增大，7月生长平稳，8~9月生长减缓。

（三）刺槐饲料的开发与利用

叶粉是刺槐广泛应用于畜禽养殖业的饲料加工方式之一，而叶粉加工过程中的干燥处理是保持其营养价值的关键因素。宋希德等研究发现，晒干降低了叶中粗蛋白含量，增加了叶中粗纤维含量，因此，降低了刺槐叶饲料的质量，而烘干、阴干可以保持刺槐叶饲料的质量。叶蛋白是以新鲜的青绿植物茎叶为原料，经压榨取汁、汁液中蛋白质分离和浓缩干燥而制备的蛋白质浓缩物（leaf protein concentration，简称LPC），是一种具有高开发价值的蛋白质资源。而刺槐干叶含粗蛋白质高达20%左右，可以认为刺槐叶是一个天然的蛋白质资源库，是提取叶蛋白的良好原料。刘芳等研究表明，刺槐叶蛋白粗蛋白含量为50%~70%，是良好的饲料添加剂；刺槐叶蛋白的提取率可达4.7%，原料总氮的提取率达到75.9%，高于紫云英、紫苜蓿等草本植物。

1. 饲料型四倍体刺槐的饲料研究

长期以来，我国既无专门用来营造刺槐饲料林的栽培品种，更无专门营造的饲料林，饲料林的提出仅仅是因为我国饲料资源的短缺以及木本饲料很高的饲用价值。但自从饲料型四倍体刺槐引入我国后，上述情况便开始有所变化。

（1）饲料型四倍体刺槐的营养价值与生物量　饲料型四倍体刺槐叶片粗蛋白含量高且

富含多种维生素、微量元素及多种氨基酸。同是木本饲用植物的沙棘叶粗蛋白含量为207.0g/kg，松针叶粗蛋白含量101.8g/kg，柠条的粗蛋白含量为99.7g/kg，都可作为肉羊的优质粗饲料使用。

饲料型四倍体刺槐生物量大，根据我们的调查结果，不同根龄的饲料型四倍体刺槐在北京周边地区8月中旬的生物量最大。另据王秀芳等分别对宁夏回族自治区（全书称宁夏）、甘肃两地的3个四倍体刺槐无性系和1个普通刺槐无性系的生物量的调查分析表明，3个四倍体刺槐无性系对西北干旱、半干旱地区环境的适应性均较好、生物量均超过了当地刺槐；不同土壤条件能影响四倍体刺槐单位面积的生物量，其中，影响效果特别显著的是土壤水分；从而初步证明，四倍体刺槐作为再生型木本饲料在生态条件比较差的西北地区有一定开发潜力，且改善土壤水分条件可以提高单位面积生物量。常丽亚的研究也表明，四倍体刺槐在甘肃的生长量远远大于当地普通刺槐。

（2）饲料型四倍体刺槐矮林作业与加工利用　饲料型四倍体刺槐的综合特征非常适合作为动物饲料树种，将这类木本植物加工为颗粒式块状饲料，使用和运输都方便合理。

营林作业方式方面，经多年调查研究证明，以灌丛式作业方式效果较好，但灌丛适宜的密度、采割周期及农业管理技术措施等尚在研究之中。枝叶青贮与深加工方面，已积累有两年的工作经验和资料，已初步找到了四倍体刺槐新鲜枝叶的最佳的青贮条件和添加剂组合。在该条件下进行青贮，不仅可以增加贮料的有效成分及营养价值，而且还可以增进贮料的适口性，从而增加家畜的进食量。

2. 结论与展望

普通刺槐枝叶及花的营养含量丰富，饲用价值高，特别是其幼嫩枝叶蛋白质含量高，富含多种氨基酸和矿质元素等，并且其生物量大，为畜禽优质的饲料资源。

饲料型四倍体刺槐无论从营养价值还是从其生物产量来看，均优于普通刺槐，是专门应用于营造刺槐饲料林的栽培品种。

然而，从饲料型四倍体刺槐将近10年的引种工作业绩可以看出，虽然已做了大量工作，但众多方面仍有继续深入研究的空间。例如，最佳经营模式、鲜枝叶的深加工技术、恶劣条件下的造林技术与林木管理问题等均值得深入研究。现就其中两方面的研究作简要论述。

（1）刈割周期及刈割次第对饲料型四倍体刺槐有效生物量及其粗蛋白含量的调控作用　就一个生长年度而言，刈割周期决定刈割次第。据我们现有的资料，在其他条件相同的情况下，刈割周期和刈割次第决定着饲料型四倍体刺槐的有效生物量产出及其粗蛋白含量。因此，只要通过调整刈割周期就可以调整不同批次、不同产地生物量的粗蛋白含量；但具体怎么样调整有待于进一步研究。

（2）全价颗粒饲料的开发，能够充分地利用饲料资源，不受季节气候的影响，全天候地保证饲料来源，摆脱靠天养畜的局面，解决沙区因冬季较长时间缺草的矛盾。而且，颗粒饲料还有其他饲料所不具有的优点：储存方便、便于运输、浪费少、营养全面，促进动物生长快，规模化生产可降低成本，经济效益高，可有效提高畜牧业生产等。

五、银合欢的营养价值及饲料化技术

（一）银合欢概述

银合欢为豆科（Leguminosae）含羞草亚科（Mimosoideae）银合欢属（*Leucaena Ben-*

tham）多年生灌木或乔木，原产美洲（图5-12），现广泛分布于世界热带亚热带地区。目前，已知的银合欢品种约有100个，分为三大类型：夏威夷型（普通型）、萨尔瓦多型（巨型种）、秘鲁型（中等树型）。银合欢的遗传多样性和系统分类一直倍受关注，1994年1月24~29日，在印度尼西亚的茂物召开了国际银合欢专题讨论会，会上公布了被鉴定的16个种。1998年，Colin Hughes 根据银合欢的形态学特征进行了综合分类，将银合欢分为25个种，其中包括2个杂交种和6个亚种。目前，我国栽培利用的主要品种是银合欢 [L. leucocephala（Lamarck） de Wit ③]，该品种适应性强、速生高产、营养价值高、适口性好、易于栽培，叶量大，鲜嫩枝占60%以上，其鲜嫩茎叶年产量达37~60t/hm²，叶片干物质中粗蛋白质含量达22%~29%，含有丰富的氨基酸、胡萝卜素、多种维生素和微量元素，其枝叶和豆荚都是牛、羊喜食的好饲料，被誉为"奇迹树"，还被联合国粮农组织的饲料专家誉为干旱地区的"蛋白质仓库"，是联合国粮农组织向亚太地区推广的多用途优良树种之一。

图5-12　银合欢的形态

（二）银合欢的营养及饲用价值

银合欢叶和嫩枝含丰富的蛋白质、脂肪、矿物质和各种微量元素，是理想的蛋白质饲料，可青饲、干饲、青贮和放牧家畜。将银合欢与象草（*Pennisetum purpureum* Schumach）

按 1 : 1 比例混合，采食量比单喂象草提高 1.3 倍。银合欢与狗牙根 ［Cynodon dactylon (Linn.) Persoon］按 1 : 1 比例混合喂山羊，均可大幅提高日增量。在各类畜禽日粮中添加的比例为，鸡（叶粉）5%，猪（叶粉）10% ~ 15%，牛羊（嫩茎叶）30%。猪日添银合欢粮超过日粮的 20% 时，须添加 0.4% 的硫酸铁，否则会引起含羞草素中毒。

1993 年国外的科研人员在巴西、中美洲、印度尼西亚、墨西哥和菲律宾等地进行的试验表明，银合欢可作牛饲料，它的叶子同苜蓿草一样营养丰富，牛吃了后长得肥壮。A. Yani 等给安哥拉山羊和西班牙山羊饲喂不同水平的银合欢日粮测定体增重和羊毛纤维的长度，结果表明，适度高水平（例如，45%）的银合欢（含羞草素 0.75%）日粮，对山羊的体增重和羊毛纤维的长度无不良影响。虽然 Virk 等（1991）证明，山羊在饲喂含银合欢高达 60% 的日粮时仍然保持体增重，A. Vani 等的试验表明，低水平银合欢的日粮对山羊的增重效果更好，但这也不排除浓缩单宁的影响，因为银合欢中单宁的含量为 1% ~ 9%。含羞草素可能妨碍某些氨基酸的代谢，Crounse 等（1962）表明，含羞草素以酪氨酸类似物形式发挥作用。Prabhakaran 等（1973）报道，含羞草素抑制与酪氨酸代谢有关的某些酶的活性。对多数变量而言，日粮处理和动物品种之间无互作，表明不同动物之间对羊毛纤维的生长无明显的影响。

（三）银合欢的开发与利用

含羞草素是一种氨基酸类毒素 ［β - (3-hydroxy-4- oxopyridyl) α- amino- propionic acid］，它存在于银合欢种子、叶片和根系等器官中，并对非反刍动物和瘤胃无降解银合欢能力的反刍动物有毒。反刍动物银合欢的典型中毒症状包括脱毛、厌食、体重下降、流涎、食道损伤、甲状腺肿大、血液中甲状腺素浓度降低、生殖障碍等。通常动物日粮中含 5% ~ 10% 银合欢，反刍动物日粮不超过 30%，不会引起明显中毒症状。

伍颜贞等研究出从银合欢种子中提取高纯度含羞草素的简易方法。冯定远等对含羞草素的代谢规律进行了详细阐述，从理论上探明含羞草素在瘤胃脱毒细菌作用下的降解途径。刘福平也概述了含羞草及其代谢产物的降解途径。

近年来，国内外对银合欢进行降毒研究并取得一些成果。陈秀兰等将银合欢种子和种仁经水煮 1h，含羞草素分别降低 57.34% 和 97.28%，蛋白质分别损失 6.06% 和 14.89%。银合欢饲料可用内生性降解酶的作用，通过传统的堆积发酵技术使鲜贮的银合欢嫩叶含羞草素降解 50%。含羞草素易与 Fe^{3+}、Al^{3+}、Cu^{2+}、Zn^{2+} 等金属离子熬合，可在银合欢饲料中加入矿物质使含羞草素失活。将不中毒的反刍动物胃液转灌至易中毒的反刍动物胃中，使后者能完全克服银合欢毒性。瘤胃细菌降解含羞草素和二羟基吡啶化合物的功能已被证实，Allison 首先从瘤胃中分离出具有这种脱毒能力的细菌。汪儆等在我国广西涠洲岛，从黄牛和山羊瘤胃中亦发现 DPH 降解菌，并成功地转灌至广西大陆的黄牛和山羊瘤胃中。谭蓓英等从采食不引起中毒银合欢的黄牛瘤胃中分离出牛链球菌（Streptococcus bovis OrlaJensen）、生孢梭菌 ［Clostridium sporogenes (Metchnikoff) Bergey 等］和乳杆菌（Lactobacillus Beijerinck）新种能降解含羞草素、3, 4-DHP ［3-羟基- 4- (1 氢) 吡啶酮，简称 DHP］和 2, 3-DHP ［2, 3-二羟基吡啶］，每个菌株都能降解含羞草素和 DHP。

另外，食用菌丝对含羞草素有明显的降解作用，用水浸泡去毒，补充血液中的甲状腺素（T_4）或碘等可减轻银合欢的中毒症状。

银合欢的营养价值较高，它的嫩叶产量高，营养丰富：种子蛋白质丰富，氨基酸种类平衡，经过有效的脱毒处理后是一种优良的蛋白质饲料，对扩大植物性蛋白来源，补充饲料的不足，尤其在畜牧饲料严重不足的热带地区，更是一种理想的饲料来源，合理地利用银合欢对促进畜牧业的发展有重要意义。

六、桑树叶的营养价值及饲料化技术

（一）桑叶概述

桑树（*Morus alba* L.）属桑科桑属，有许多个品种，有乔木，也有灌木，是多年生深根性植物（图5-13）。桑树对土壤酸碱度适应性较强，在 pH 值为 4.5~9.0 时都能生长。桑树在我国各地都有分布，即使西藏也有可开发利用的桑树资源。大面积栽培的地区主要集中在浙江、江苏、四川、山东、安徽、重庆、广东等地。近几年来，广西壮族自治区、江西发展也很迅速，湖北、湖南、云南、陕西、山西、河北、河南、辽宁、吉林、甘肃、新疆维吾尔自治区等地桑树栽培也有较大发展。不同地区、不同形式栽植桑树的产叶量不同。一般来说，专用桑园占绝大多数，其土地生产率高，单位面积土地上产桑叶量也高，每年每公顷为20~30t。我国是世界蚕业发源地，疆域辽阔，气候温和，桑树资源丰富，栽植非常普遍。

图5-13　桑树叶的形态

（二）桑叶的营养及饲用价值

1. 桑叶饲料的营养价值

桑叶不仅含有丰富的营养物质，且氨基酸种类齐全，动物必需氨基酸含量高，桑叶中粗

蛋白质含量达 10.93% ~30.00%，粗纤维仅为 8.00% ~19.84%。桑叶蛋白质是优良的蛋白质资源，也是畜禽的优良饲料，不仅能够维持畜禽的正常生长发育。同时，桑叶中的许多天然活性物质还具有抗应激、增强机体的耐力和提高畜禽的抗病能力。

桑叶中含有 50 多种微量元素和维生素，尤其富含能维持机体免疫系统、抗氧化系统、脂肪和碳水化合物周转代谢系统和应激活动所需的 B 族和 C 族维生素，对反刍动物具有特别意义。另外，桑叶中含有谷甾醇、异槲皮苷、紫云英素等多种天然活性物质及其衍生物，对畜禽具有免疫保健作用，能够防止禽流感的发生，提高畜禽的抗病能力，有利于畜禽保持健康快速的生长。

2. 桑叶饲料的适口性好、消化率高

饲料中的酚类物质含量高低会直接影响家畜的采食量和健康水平。桑叶作为家畜饲料的重要特点是对所有家畜都具有很好的适口性，当动物首次接触桑叶时，很容易接受它而无采食障碍；如果动物已经熟悉了桑叶，则会优先采食桑叶，而不是其他饲草。以桑叶对牛、羊进行试喂试验发现，羊和牛在初次接触桑叶时，都很容易接受桑叶而无采食障碍，当把同等重量的苜蓿和桑叶一起同时喂给 2 只同样大小的绵羊时，发现 2 只绵羊均优先采食桑叶而不是苜蓿，到下次喂叶前，食槽中剩下的苜蓿明显比桑叶多。在整个饲养期，饲喂桑叶的试验羊体重增加明显快于饲喂苜蓿的对照羊，净增重比对照羊高 111.1%，日平均体重的增加量比对照高 116.7%。动物对桑叶的采食量很高，以干物质计，山羊每日采食量可达其体重的 4.2%，绵羊可达体重的 3.4%。桑叶作为饲料，尤其是青绿饲料的另一显著特性是具有很高的消化率，体内和体外试验都反复证明了这一点。通常情况下，桑叶的消化率为 70% ~80%，茎秆为 37% ~44%，树皮为 60%，全植株平均为 58% ~79%（与不同桑品种茎叶比例有关）。

桑叶微酸稍甜，对大多数畜禽都有很好的适口性，且粗纤维含量低，易消化吸收。因此，无论从资源数量还是资源质量方面讲，桑叶作为畜禽业新型饲料源的前景看好。

（三）桑树叶开发与利用

桑树叶作为动物饲料已引起联合国 FAO 的关注。Sudo M 等研究发现，产蛋鸡日粮中添加 6% 的桑叶粉可改善蛋黄颜色，提高蛋重和产蛋量，当蛋鸡日粮中桑叶粉含量增加 9% 时，其蛋重和产蛋量与饲喂商品配合料的对照组相近，蛋黄颜色得到明显改善。而 Tateno H 等的研究表明，饲喂 15% 的桑叶时，蛋品质明显降低，但蛋黄颜色更深。Machii H 报道，桑叶可增加蛋黄中的维生素 K 含量，但对具有降低人类血压的 γ-氨基丁酸及胆固醇的含量没有影响；然而当饲喂 15% 的桑叶 7 周后，蛋黄中有抗病作用的过氧化脂含量明显降低。桑叶还可以育肥绵羊，改善羊肉品质，保持羊肉风味。Sanchez M D 等探讨了桑叶在反刍动物及单胃动物中的应用，结果表明，桑叶的适口性好且粗蛋白含量高，在奶牛的瘤胃中可降解蛋白增加，喂食一定比例的桑叶可以提高奶牛的产奶量和牛奶品质。

多种饲料作物与桑树饲养肉牛、奶牛、山羊、绵羊、猪及兔等的对比试验表明，桑树是比较优越的饲料作物。桑叶作畜禽饲料，既可以鲜食或作青贮饲料，也可以将其晒干、粉碎，与其他饲料配合使用。将干桑叶粉以 5% ~10% 的比例添加到鸡饲料中，蛋黄颜色可以得到明显改善，产蛋质量提高，产蛋数量增加，鸡肉风味改善，并且降低鸡粪中氨的排放量。以干桑叶喂牛、羊或将稍粉碎的干桑叶以 25% ~30% 的比例添加到猪饲料，或以 10% ~15% 的比例添加到兔饲料中，表现出体制增强、生长加快、肉质改善，同时，降低饲料成本。桑叶作为泌乳母牛的补充饲料，能够提高产奶量，并降低饲料成本，用作牛犊的补充料，可以节约代乳料的消耗量，并促进犊牛瘤胃的生长发育。桑叶中含有丰富的营养成分和许多特有的天然活性物质，是优良的畜禽饲料，我国丰富的桑叶资源使桑叶饲料商品化生产成为可能。在桑叶资源集中的地区，可以建立桑叶蛋白饲料企业，实行工业化生产桑叶蛋白。

七、驼绒藜的营养价值及饲料化技术

（一）驼绒藜属植物概述

1. 驼绒藜属植物学特性

驼绒藜属［*Ceratoides*（*Tourn.*）*Gagnebin*］是藜科一个最古老的属（图5-14），全世界共有7个种，主要分布于北温带干旱，半干旱地区，世界分布较广，在欧亚大陆，西起西班牙，东至西伯利亚，南至伊朗和巴基斯坦都有分布。我国有4个种和一个变种，分别为：华北驼绒藜（*Ceratoides arborescens*）、驼绒藜（*C. lotens*）、心叶驼绒藜（*C. ewersmanniana*）、垫状驼绒藜（*C. compacta*）和长毛垫状驼绒藜（*C. compactavar. Longipilosa*），主要分布于东北、华北、西北及四川、西藏自治区。

图5-14 驼绒藜的形态

2. 驼绒藜属植物研究的重要意义

驼绒藜属植物属旱生、超旱生植物，在荒漠和半荒漠化草原地区是马、骆驼、羊等家畜四季喜食的优良饲草，是改良天然放牧地最有前途的植物之一。此外，该属植物还具有良好的防风固沙作用，被誉为沙漠中的"绿色卫士"。驼绒藜属植物枝叶繁茂，生长迅速，干草产量可达 750～2 250kg/hm^2，种植当年即可饲用，利用年限可达几十年。该属植物营养丰富，适口性好，含有较多的粗蛋白质和无氮浸出物，矿物质（钙、磷）含量也较高。尤其在越冬期间尚含有较多的粗蛋白质，对冬季放牧家畜具有重要意义。

3. 驼绒藜属植物国内外研究的进展

20 世纪 80～90 年代，前苏联学者对驼绒藜的开花结实习性、生态特点及其在饲料平衡中的作用进行了基础性研究，在应用技术上，在改良天然放牧地，人工种植技术等方面有报道。我国学者主要进行了驼绒藜属植物形态解剖、染色体组型与核型分析、经济性状、饲用价值、栽培技术、种子寿命以及根系发育等项研究。20 世纪 90 年代以来，世界范围干旱严重，美国等发达国家的科学家也开始关注驼绒藜等旱生、超旱生植物的开发和利用，大量收集其种子资源，并将驼绒藜用于草原改良和荒漠化防治，起到了很好的效果，但有关生理学方面的基础性研究尚极少报道。

（二）驼绒藜的营养与饲用价值

驼绒藜属植物营养丰富，含有较多的粗蛋白质及无氮浸出物，尤其是越冬期间，尚含有较多的粗蛋白质，这对于家畜冬季采食具有极其重要的意义。资料显示，在营养生长期，驼绒藜、华北驼绒藜、心叶驼绒藜中粗蛋白质分别占鲜重的 10.36%、9.86%、7.77%，成熟期也分别占到 9.90%、10.04%、7.43%；无氮浸出物在营养生长期分别为 43.88%、50.07% 和 53.16%。与其他超旱生半灌木相比，驼绒藜属植物是蛋白质含量较高的饲用植物，其粗蛋白质含量高于合头草（*Sympegma regeliiBunge*）（15.31%）、琵琶柴（*Reaumuria soongoricaPall.*）、梭梭（*Haloxylon ammodendron*）（7.9%）和骆驼刺（*Alhagipseudalhagi Desv.*）（9.08%），可消化蛋白的含量比禾本科牧草，甚至比许多豆科牧草［箭豌豆（*Vicia sativa*）和紫花苜蓿（*Medicago sativa*）除外］还要高。而且，驼绒藜属植物富含矿物质，尤其富含钙和磷，钙的含量在孕蕾期可达干物质的 3.85%，其含量仅次于大豆，磷含量也达到 0.64%，胡萝卜素的含量与大多数天然放牧场植物是一样的。在爱尔兰 Semirom 和 Fereydan 两地的春、夏两季，被调查的 11 种牧草中，只有驼绒藜（*Eurotiaceratoides*）、多毛雀麦（*Bromus tomentellus*）及野麦（*Elymus hispidusSubsp.*）的镁含量高于家畜临界需要。

驼绒藜的营养价值很高，特别是幼嫩枝叶富含粗蛋白、粗脂肪。随着生育期的增加，植株体逐渐老化，粗蛋白含量逐渐下降，而粗纤维和无氮浸出物含量有所增加（表 5－22）。可消化总养分为 72.11%，可消化能（羊）13.3 MJ/kg。驼绒藜放牧地在冬春季是抗灾保畜的重要基地。因其植株较高，大雪不易全部覆盖，牲畜易从雪下采食到枝条，这是具有较大且独特的饲用意义。特别是在饲草缺乏的年份，饲用价值大大提高，成为一种"渡荒饲草"。目前，驼绒藜和其他旱生牧草如冰草 *Agropyron cristatum*、木地肤 *Kochia prostrata* 组合建植的人工草地是干旱区理想的放牧地和割草地。

驼绒藜的当年生枝条和叶片为各类牲畜终年采食，天然驼绒藜草地放牧条件下，最适利用年限为 1 ~ 6 年，内蒙古人工建植的驼绒藜草地可刈割或放牧利用 10 ~ 15 年。骆驼、山羊、绵羊在秋、冬两季较喜食，增重效果明显，被认为是草食动物的催肥植物。秋季霜打后，枝条变软，适口性提高，冬季叶脱落，枝条干硬，适口性下降，家畜只采食顶部 1/3 ~ 1/2 的较细部分；降雪后，硬枝条变软，适口性有所提高。

表 5 – 22   驼绒藜不同生育期营养成分占风干物质   （% ）

生育期	水分	粗蛋白	粗脂肪	粗纤维	无氮浸出物	粗灰分	钙	磷
营养	7. 96	15. 65	1. 65	26. 80	35. 84	12. 10	0. 82	0. 17
开花	10. 26	13. 53	3. 06	25. 92	38. 37	8. 86	1. 33	0. 10
结实	8. 32	11. 67	1. 54	33. 52	35. 73	9. 22	1. 04	0. 04
果后	8. 17	7. 80	1. 31	36. 22	39. 02	7. 48	1. 55	0. 05

驼绒藜属植物不但营养价值高，而且产草量大。驼绒藜（C. latens）自然株高 1 ~ 1.5m，每公顷产草量可达 750 ~ 2 250kg。据统计，一株驼绒藜可产新鲜可食饲料 0.9 ~ 1.5kg，或风干饲料 0.4 ~ 0.6kg，在密植情况下一次利用，每公顷可获得 4 100 ~ 6 900kg 青饲料。在适度放牧情况下，驼绒藜在全生长期均可利用，这在干旱草原地区，其他植被枯死，放牧场饲料缺乏的月份驼绒藜具有特殊价值。

（三）驼绒藜属植物的开发及利用

1. 驼绒藜属植物在放牧畜牧业中利用价值的研究

驼绒藜为中上等饲用半灌木，适口性好，家畜采食其当年枝条。骆驼、山羊、绵羊四季均喜食，以秋冬最喜食。国外同类资料表明，驼绒藜对大多数食草动物来说适口性都比较好。1980 ~ 1981 年，美国 Nephi Field 试验站研究绵羊在晚秋季节对驼绒藜与饲用木地肤混合放牧场的采食情况，发现在实验所有年限中，驼绒藜（C. latens）在绵羊食谱中所占的比例随着再生草的减少而不断增加，有时可达到 80% 以上。在美国新墨西哥地区的开垦地，大型野生动物，如牦牛和鹿对野生灌木的利用率最多的是山地桃花心木（Cercocarpus ledifolius），其次是驼绒藜。Schaller 等研究证明，在青藏高原（Tibetan Plateau），驼绒藜占野牦牛饲草食进量的 8.7%，是当地野牦牛较主要的食物。

2. 存在问题及今后的研究重点

驼绒藜属植物在国内外的研究多为应用技术方面，基础理论研究水平较低。国外的研究多集中于野生习性、栽培技术、草原改良等方面，而国内研究较注重理论与应用的结合，如种子寿命、根系发育、染色体组型与核型分析的研究。我国驼绒藜属植物资源最为丰富，在研究方面有资源优势，国外科学家也十分关注中国驼绒藜属植物资源的研究与利用，20 世纪 80 年代以来中国科学家对旱生和超旱生植物进行了大量的研究工作，处于世界领先水平。但总体来说，驼绒藜属植物的研究与其他牧草的研究水平仍有很大差距，其中有关许多基础性研究尚属薄弱，植物生理学的研究还很少，分子生物学的研究仍处于空白，加强驼绒藜植物的基础理论研究应是今后的研究重点，同时也要重视国外优良品种及先进技术的引进，驼绒藜属植物在改良草原及草原荒漠化防治中的应用研究具有深远意义，仍应做为继续研究的重点。

八、松针的营养价值及饲料化技术

（一）松针粉概述

松针粉是一种高效的天然绿色添加剂，主要由马尾松等松类树种的针叶经过一系列工艺加工而成（图5-15）。松针味苦、性温，有补充营养、健脾理气、祛风燥湿、杀虫和止痒等功效。近年来很多试验证实，松针含有动物生长所必需的生物活性物质和营养成分。松针粉含有丰富的胡萝卜素、叶绿素和多种维生素，并含有17种氨基酸和十几种微量元素及多种植物杀菌素。它能增强动物机体的新陈代谢，防治疾病、促进生长和提高生产性能。松针来源于山林，受污染少，而且是可再生资源，是生产绿色、保健食品和绿色添加剂的可贵资源，今后对松针粉的开发和利用将会越来越受到人们的重视。

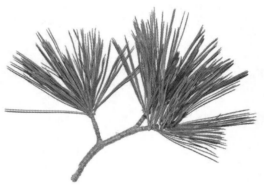

图5-15　松针粉的形态

（二）松针粉的营养及饲用价值

1. 胡萝卜素含量丰富

各类松针粉中的胡萝卜素含量一般为69～365mg/kg。胡萝卜素在畜体内可转化为维生素A，能有效防治各种畜禽因维生素A缺乏所引起的皮肤病。

2. 含有多种维生素

松针粉中含有大量的维生素C和维生素E等，其中，维生素C的含量为850～2 203 mg/kg，维生素E的含量一般为201～1 266mg/kg。长期饲用能够促进畜禽的生长，增加其抗应激和免疫力，防治一些常见的畜禽疾病，并且具有预防和抑制生物体细胞膜过氧化的功能，能起到抗衰老的作用。

3. 含有大量的蛋白质

黄山松中的蛋白质含量为11.9%，落叶松中的含量是15.2%，其他品种的含量在8%左右。松针粉中不仅蛋白质含量较高，而且蛋白质中的氨基酸组成也较为全面，共含有18种氨基酸，其中，包括动物所必需的8种氨基酸。

4. 含有丰富的微量元素

松针粉中含有的微量元素多达40余种，比苜蓿草含有的微量元素还要丰富。松针粉中微量元素含量分别为（mg/kg）：铜56、锰215、铁329、锌38、硒0.36、钴0.58和钼0.87。

5. 松针粉中含有较多的脂类物质

据粗略估算，松针粉中的粗脂肪含量为 3.8% ～ 13.1%，其中，粗脂肪中所含的脂肪酸具有不饱和性，能有效提高肉的品质。此外，松针粉中还含有植物杀菌剂及植物激素，可抑制机体内有害微生物的生长繁殖，促进畜禽生长。下面是一个由江西省永丰县松针粉厂送检提供检验的分析报告，此样品是经中国林科院林产化工研究所测定，松针粉含有 40 多种活性物质和营养成分（表 5 – 23、表 5 – 24）。

表 5 – 23　松针粉成分分析

测定项目	测定结果（%）	测定项目	测定结果（mg/kg）
粗蛋白质	8.52	胡萝卜素	88.76
粗脂肪	9.8	维生素 C	941
粗纤维	24.5	维生素 B_1	3.8
无氮浸出物	37.06	维生素 B_1	17.2
灰分	2.86	维生素 E	995
水分	9.8	叶绿素	1 564
钠	0.03	锰	215
镁	0.14	铁	329
磷	0.11	锌	38
钙	0.59	钴	0.58
钾	0.46	硒	0.36
		钼	0.87
		铜	56

表 5 – 24　氨基酸分析　　　　　　　　　　（mg/100mg）

名称	含量	名称	含量
天门冬氨酸	0.62	胱氨酸	0.17
苏氨酸	0.27	缬氨酸	0.46
谷氨酸	0.69	蛋氨酸	0.34
甘氨酸	0.53	异亮氨酸	0.33
丙氨酸	0.37	亮氨酸	0.54
酪氨酸	0.24	脯氨酸	0.29
苯丙氨酸	0.44	色氨酸	0.09
赖氨酸	0.43	丝氨酸	0.28
组氨酸	0.40	氨	0.15
精氨酸	0.27	总计	6.91

6. 具有提高动物免疫力的作用

陈宝江、王建辉发现，在雏鸡日粮中添加 3% 松针粉，试验组较对照组：①红细胞数平均增加 0.39%，经检验两组红细胞数量变化差异不显著（$p > 0.05$），但松针粉有促进红细胞生成的趋势；②白细胞平均增加了 10.22%，差异显著（$p < 0.05$），说明松针粉可提高雏鸡血液白细胞数量，从而全面提高雏鸡抗病、抗逆能力；③血红蛋白平均增加了 2.25%，差异不显著（$p > 0.05$），但松针粉有提高雏鸡血红蛋白含量的趋势；④新城疫（ND）抗体水平平均增加了 24.30%，且试验组 ND 抗体峰值高，维持时间为 12d，表明松针粉能提高 ND 抗体水平，增强机体特异性免疫功能，有效抵抗新城疫的发生。

（三）松针粉的加工及利用

1. 松针粉生产工艺

松针粉加工方法主要有粉碎法和发酵法，规模经营一般用粉碎法，其工艺过程如下。

（1）采集新鲜松枝松针　一年四季可采集，秋冬季的松针有机物含量较高，含水量较低，这是采集松针的最佳时间。在森林采伐和中幼林抚育时采集更能提高资源的利用率。

（2）剪枝烘干　将松枝中的枝干和杂物清除，然后自然晾干（在春季用烘房烘干）。切忌日晒，否则松针中 80% 的胡萝卜素会遭到破坏分解。

（3）粉碎　当鲜叶的重量减轻到 50% 左右时即可用机器粉碎，粉碎时筛网一般控制在 1.0mm，通过二级旋风分离器除尘。

（4）检测　松针粉外观为浅绿色，有松叶芳香。优质松针粉的理化标准为：粗纤维含量小于 32%，水分含量为 8% ~ 12%，胡萝卜素每千克不少于 60mg。

（5）包装和贮存　成品松针粉用塑料袋密封包装，存放于通风干燥处，保质期为 3 个月。当存贮达到 6 个月时，胡萝卜素会损失 40%。

（6）松针粉加工注意事项

①鲜松针采收后要及时摊放，晾干水分，大规模加工时可用层架晾放，并尽量保持空气对流。秋、冬季节松针叶的含水量较低，气温亦较低，故可在室外短时堆放，同时加工的速度要快些。②尾松和湿地松含水量不一，在加工时要分别进行，不可混合一起加工。③烘干机出来的松针，利用鼓风机降温至常温，因此，出机后松针不可堆积太高，冷却后即可粉碎。如在冬季，鼓风机上的送风板可以取消。④松针粉可分为特级、一级、二级和三级。各等级的粗纤维含量不应高于 32%，水分为 8% ~ 12%。此外，特级、一级和二级的粗杂质含量应分别不高于 5%、5% 和 8%；每千克松针粉的胡萝卜素含量应分别达到 90mg、70mg 和 60mg。

2. 松针粉在牛羊生产中的应用

在奶牛日粮中添加 8% 的松针粉后，其产奶量可提高 7.4%。此外，饲喂松针粉对奶牛的胃肠道病、维生素缺乏等疾病也有良好的防治效果。此外，在羔羊、育成羊、淘汰羊的日粮中添加 4% ~ 8% 的松针粉，育肥 70d，日增重分别比对照组提高 54.6g、24.5g 和 47.9g。

3. 松针粉产品的开发前景

松针粉是生产绿色饲料添加剂的宝贵资源，而且是可再生的，在自然资源日益减少的今天，充分认识松针的作用及其可再生的优势，积极开发和用松针作为饲料添加剂具有广阔的前景。

九、葡萄藤梗的营养价值及饲料化技术

(一) 葡萄藤概况

我国是世界葡萄的主要种植地之一 (图 5 – 16)。葡萄生产过程中，需要进行抹芽、修剪、梳枝、整形。修剪下来的鲜嫩枝条除少部分用于反刍家畜的青饲料外，大部分被燃烧或废弃。据不完全统计，仅新疆葡萄年栽培面积就达 150 万亩。葡萄树修剪的废弃幼嫩枝条及葡萄干加工中筛下的残渣每亩约 1.5t，即全疆每年葡萄副产品饲料资源 200 多万 t。研究开发、合理利用这一饲料资源，对于饲料资源奇缺的葡萄产区肉羊业的发展有着重要作用。葡萄藤秆虽然质地粗硬，但经过适当加工调制后，可以开发成为牛羊用粗饲料，有助于解决饲料资源匮乏的问题，也可降低饲料成本。

图 5 – 16　葡萄藤枝的形态

(二) 葡萄藤的营养及饲用价值

葡萄藤枝常规营养成分含量见表 5 – 25。葡萄嫩枝条粗蛋白含量可达 4.90% ~ 8.55%，优于高粱秆 (粗蛋白含量为 2.2% ~ 3.6%)，具有一定的营养价值。开发葡萄渣、葡萄修剪枝条饲料资源，进行科学合理组方是解决葡萄种植区饲料缺乏的有效途径之一。

表 5 – 25　葡萄藤秆、葡萄梗常规营养成分　　　　　　　　 (%)

项目	葡萄藤秆 (干)	葡萄梗 (干)
水分	8.60	8.50
粗蛋白	4.94	8.55
粗脂肪	0.52	0.60
粗纤维	47.20	21.00
精灰分	3.80	9.22
钙	0.98	1.00
磷	0.10	0.20
氯化物	0.28	0.45

（三）葡萄藤枝饲料加工调制

1. 鲜饲与青贮

葡萄坐果与成熟采摘前，修剪下来的鲜嫩枝条可作为青绿饲料直接喂羊，也可以常规青贮法制作成青贮饲料，以备冷季饲用。

2. 粉碎浸泡

葡萄收获后或已经干化后的葡萄藤秆，已高度木质化、粗纤维含量很高（21% ~ 47%），粗糙干硬适口性差。一般不可直接饲喂牛、羊等反刍家畜，必须经过适当的机械加工和合理的饲料配伍后，方可使用。目前，主要加工方式是碾揉粉碎成粉末（图5 – 17），直接或浸泡（10 ~ 12h，视粉碎程度而定）控干后，再与其他饲料混合后饲喂。

图5 – 17　粉碎后的葡萄藤

（四）日粮配合

1. 新鲜茎干

新鲜或青贮的葡萄枝条一般仅作为补充饲料使用，混饲和单饲均可。但新鲜的葡萄枝条"性凉"、单宁含量较高，不易大量使用，以免拉稀。一般以不超过总饲喂量的30%为宜。

2. 干硬藤秆

干硬的葡萄藤秆即使粉碎后动物也不喜欢采食，须按日粮配方比例与其他精饲料、粗饲料混合拌匀后方可饲喂。研究结果表明，当其占日粮15% ~ 25%时，育肥羔羊日增重可达230 ~ 310g/d（表5 – 26），对肉羊的生产性能没有明显影响，饲料成本也大大降低。建议育肥羔羊日粮配方如表5 – 27。

表5 – 26　葡萄藤秆饲喂试验供试羊增重统计表

项目	对照组	试验1组	试验2组	试验3组
样本数（只）	20	20	20	20
试验期（d）	30	30	30	30
试验初重（kg）	24.32	24.98	25.25	27.35
试验末重（kg）	28.81	29.70	31.11	33.55

（续表）

项目	对照组	试验1组	试验2组	试验3组
只均增重（kg）	4.49	4.72	5.86	6.20
日均增重（g）	224.50	236.00	293.0*	310.0*
日均采食量（kg）	1.37	1.44	1.45	1.46

表5－27　葡萄藤秆日粮配方及营养成分含量表

饲料（%）	配方1	配方2	配方3
玉米	36.00	35.00	35.00
麸皮	22.00	26.00	21.50
棉籽饼	9.50	7.50	7.00
高粱秸秆	—	—	—
葡萄藤秆	25.00	20.00	15.00
苏丹草	6.00	10.00	20.00
苜蓿草粉	0.50	0.50	0.50
食盐	0.50	0.50	0.50
1%预混料	0.50	0.50	0.50
合计	100	100	100
消化能（MJ/kg）	11.871	11.871	10.701
粗蛋白（%）	11.69	11.73	11.66
可消化蛋白（%）	8.20	8.27	8.21
钙（%）	0.43	0.39	0.37
总磷（%）	0.38	0.41	0.37

第四节　发酵TMR育肥羊的生产实践

冬春缺草料在我国特别是北方地区是畜牧业发展所面临的主要问题。每个羊单位必须150（低标准）~300kg青干草，才能度过100~150d的冬、春季。而占我国畜牧业发展比例很大的北方地区，年人均占有粮食低，仅有400~500kg，很难有多余的粮食投入到畜牧业生产中。由于饲料严重缺乏，冬春季饲料贮备不足，牲畜夏季复壮，秋季抓膘，11月下旬开始掉膘，羊只在漫长的冬、春季节，为抵御饥饿和寒冷，羊的体重一般下降1/2~1/3，即相当于75kg粮食和375kg青草的营养价值。

为保证家畜健康生长，获得高产、优质的畜产品，必须储备充足的过冬饲草料，饲料中必须含有丰富的营养物质，特别是要保证具有较高全价营养的蛋白质原料。目前，主要是通过自由放牧和大量的农作物风干秸秆、青贮等作为畜牧业生产主要的粗饲料资源。由于秸秆资源总量有限、品质差、适口性差、饲喂困难、调制困难等因素使秸秆风干物难以担当此重任。有资料表明，长期饲喂大量青贮秸秆，家畜会患酸中毒，导致奶牛停乳、采食量下降，从而使产乳量下降，牛奶品质低劣等。根据畜牧业发展的需要，当前和今后应注重大力挖掘草地资源内部生产潜力，使草业经营向集约化、机械化、科学化方向发展。如果仅靠草原来进行畜牧业生产，势必会造成草地生态系统压力持续加重。因此，要加快柠条资源研究与开发的力度，以柠条饲料产业为突破口，大力发展柠条资源的产业化开发，增加柠条原材料的贮备，推动传统林牧生产系统的调整，降低畜牧业生产成本，改变当地饲料严重短缺的现状，带动畜牧业的发展，减少养畜用地压力，替代传统耗粮型畜牧业发展思路，使农、林、牧有机结合，从而达到生态、经济、社会效益统一协调发展的良好局面。

为了研究不同柠条水平的 TMR 发酵饲料对育成母羊生长性能的影响。于 2010 年 11 月末在内蒙古鄂尔多斯市杭锦旗开展了冬季舍饲小尾寒羊发酵 TMR 育肥试验。

一、试验饲料配方

精补料配方详见表 5 - 28。

表 5 - 28　精补料配方

原料	比例（%）
玉米	57.80
麸皮	14.90
葵粕	15.40
棉籽粕	7.20
尿素	0.60
预混料	3.00
食盐	1.10
合计（%）	100

发酵 TMR 饲料的制作：将上述材料加入搅拌机，同时加入 0.1% 的发酵用酵母菌，搅拌均匀后装入密封的塑料袋、压实排出空气后密封，发酵 15d 以上便可饲喂（表 5 - 29）。

表 5 - 29　发酵 TMR 饲料配方

TMR 饲料类型	精补料	玉米秸	青干草	苜蓿干草	柠条	食盐	尿素	合计
发酵饲料 1（%）	16	49.2	25.3	8.5	0	0	1	100
发酵饲料 2（%）	15.4	38	7.5	0	38.4	0.7	0	100
发酵饲料 3（%）	15.4	41.9	0	0	42	0.7	0	100

二、实验步骤

1. 实验羊的选择和分组

本试验选择健康小尾寒羊育成羊 111 只，分 3 组，每组 37 只。第一组饲喂发酵 TMR 饲料 1，第二组饲喂发酵 TMR 饲料 2，第三组饲喂发酵 TMR 饲料 3。试验羊自由采食，自由饮水，饲喂量以剩料保持在 10kg 以内为宜，试验期间所有试验羊每只补 100g 精补料。

2. 饲养管理

试验预饲期 10d，试验期 60d。试验羊于试验开始前，试验第 30d 和试验第 60d 早 8：30 空腹称重。试验期内，试验羊自由采食，自由饮水，每天早晚添 2 次料。每天记录饲喂饲料和剩余饲料的重量。

定期观测羊的添食添砖的习性和日常行为变化，发现疾病及早治疗，并做好记录工作。

三、实验结果和结论

从表 5 – 30 可以看出：

1. 在整个试验（60d）结束后，用发酵柠条替代青干草和苜蓿饲喂的二组和三组试验羊的增重与试验一组试验羊日增重仅相差 0.95kg 和 1.89kg，三组试验羊都没有出现负增长。

2. 在整个试验期（60d）中，试验羊的增重随柠条含量增高而降低，表明发酵柠条在饲料中应添加合适的比例。

表 5 – 30　试验羊采食量及日增重

组别	一	二	三
初始体重（kg）	28.54 ±4.76	27.76 ±4.47	28.23 ±3.64
30d 体重（kg）	30.42 ±4.98	29.41 ±4.48	29.67 ±3.84
60d 体重（kg）	31.64 ±4.58	29.91 ±4.73	29.43 ±3.41
前 30d 增重（kg）	1.89	1.65	1.44
采食量［kg/（只·d）］	1.70	1.67	1.67
全期总增重（kg）	3.10	2.15	1.21
全期日增重（g）	50.90	35.29	19.77

结论：

发酵柠条可以代替部分青干草和苜蓿饲喂绵羊，绵羊的体重不会降低，适宜在冬春季饲料缺乏的季节饲喂（图 5 – 18 至图 5 – 21）。

图 5 – 18 发酵 TMR 饲料

图 5 – 19 发酵 TMR 饲料

图 5 – 20 发酵 TMR 饲料采食情况

图 5 – 21 发酵 TMR 饲料采食情况

主要参考文献

［1］屠焰，刁其玉．充分利用木本植物饲料为养羊业提供丰富的饲料资源［C］．中国草食
    动物，全国养羊生产与学术研讨会议论文集，2010：14 ～ 18

［2］薛树媛．灌木类植物单宁对绵羊瘤胃发酵影响及其对瘤胃微生物区系、免疫和生产指
    标影响的研究［D］．呼和浩特：内蒙古农业大学，2011

［3］靖德兵，李培军，寇振武，等．木本饲用植物资源的开发及生产应用研究［J］．草业
    学报，2003，12（2）：7 ～ 13

［4］李忠喜，张江涛，等．浅谈我国木本饲料的开发与利用［J］．世界林业研究，2007，
    20（4）：49 ～ 53

［5］左忠，张浩，王峰，等．柠条饲料加工利用技术研究［J］．草业科学，2005，22
    （3）：30 ～ 33

［6］刘国谦，张俊宝，刘东庆．柠条的开发利用及草粉加工饲喂技术［J］．草业科学，
    2003，20（7）：26 ～ 31

［7］弓剑，曹社会．柠条饲料的营养价值评定研究［J］．饲料博览，2008（1）：53～55

［8］温学飞，王峰，等．柠条颗粒饲料开发利用技术研究［J］．草业科学，2005，22（3）：26～29

［9］王峰，吕海军．提高柠条饲料利用率的研究［J］．草业科学，2005，22（3）：35～38

［10］赵伟，杨桂芹．几种木本植物饲料的营养价值及在畜禽生产上的应用现状［J］．黑龙江畜牧兽医，2011，（5）：93～96

［11］迟海鹏．粉状沙棘饲料添加剂的研究和应用［J］．沙棘，2002，15（1）：20～22

［12］阮成江．沙棘叶的饲料价值及开发利用［J］．陕西林业科技，2002，（3）：26～30

［13］王建忠，邢菊香，等．沙棘资源开发利用效益分析［J］．内蒙古农业大学学报，2009，11（2）：81～85

［14］马三保．沙棘的饲用价值与沙棘饲料的产业开发［J］．沙棘，2000，13（2）：37～30

［15］陈默君，李昌林，祁永．胡枝子生物学特性和营养价值研究［J］．自然资源，1997（2）：74～81

［16］李延安，贾黎明，杨丽．胡枝子应用价值及丰产栽培技术研究进展［J］．河北林果研究，2004，19（2）：185～192

［17］宋希德，罗伟祥，马养民，等．刺槐饲料林叶量及其营养成分动态［J］．西北林学院学报，1995，10（4）：6～10

［18］毕君，王振亮．刺槐叶的营养成分与动态分析［J］．河北林业科技，1995，（3）：11～13

［19］张国君，李云，徐兆翮．刺槐饲料化技术研究进展［J］．河北林果研究，2007，22（3）：252～256

［20］宋西德，罗伟祥，等．刺槐饲料林叶量及其营养成分动态［J］．西北林学院学报，1995，10（4）：6～10

［21］赵英，陈小斌，蒋昌顺．我国银合欢研究进展［J］．热带农业科学，2006，26（4）：55～57

［22］罗士津，瞿明仁．松针粉的研究及应用进展［J］．饲料工业，2007，28（3）：54～57

［23］刘忠琛．松针粉的饲用价值和加工方法［J］．畜牧兽医科技信息，2005（2）：53

［24］刘振贵．松针粉饲用价值及市场展望［J］．江西林业科技，2003（2）：38～40

［25］易津，王学敏，等．驼绒藜属植物生物学特性研究进展［J］．草地学报，2003，11（2）：87～94

［26］李敬忠，阿拉塔．关于在西北地区大力推广种植驼绒蔡的建议［J］．草业与西部大开发，117～121

［27］贾慎修．中国饲用植物志（第一卷）［M］．北京：农业出版社，1987

［28］孙祥．中国木本饲用植物资源及其开发利用［J］．内蒙古草业，1999（3）：21～30

注：文中部分图片引自中国自然标本馆和中国自然图像库

第六章 肉用羊频密繁育与营养调控技术

本技术以新疆维吾尔自治区（全书称新疆）重大科研项目《肉用羊高效养殖技术研究与示范》（200331104）之鉴定成果为核心内容，总结10多年来的研究成果，针对制约新疆和我国北方规模化舍饲、半舍饲条件下商品肉羊生产的品种、营养、繁殖等因素，提出了适宜新疆不同地区优势杂交组合与杂交模式、杂交肉羊不同生理阶段适宜营养水平与日粮配方、羔羊早期断奶-直线育肥及母羊高频繁育等肉羊高效养殖技术体系，供肉羊生产者参考。

第一节 适宜杂交模式与优势杂交组合

杂交是指具有不同遗传基础和结构的羊个体间的交配，其后代称为杂种。我们通常所说的杂交则是指不同品种个体或群体间的交配。通过杂交可以将不同品种羊的优良特性结合在一起，创造出此品种或彼品种原来所不具备的特性，进而培育出一个新品种。杂交后代所表现出的独特的生产特性称之为杂交优势。人们也可以利用杂种优势生产更多、更经济的优质羊产品。

不同肉羊品种间的杂交，已成为当前提高肉羊生产性能和改善羊肉品质最为直接有效的方法。当前，世界养羊业发达国家都建立了适合本国的杂交利用体系，进行商品肉羊生产。我国于20世纪80年代开始，相继引入国外专门化肉羊品种，开展了小范围的区域杂交试验，直到20世纪90年代，利用杂交优势生产商品肉羊进入快速发展阶段，使得我国肉羊业得到了迅猛发展。

一、杂交亲本

用来进行交配的公羊和母羊称为亲本。亲本中的公羊称为父本，亲本中的母羊称为母本。例如，1号公羊与2号母羊交配，1号公羊称为父本，2号母羊则称为母本。

推而广之，2个用来进行杂交的品种也称为杂交亲本。杂交亲本中的父系品种称为父本，母系品种则称为母本。例如，萨福克公羊与哈萨克母羊杂交，前者称之父本，后者称为母本。

二、杂交亲本的选择与优化提纯

杂交是提高本地肉羊生产性能的一个最为直接有效的手段。杂交亲本的选择是保证杂交效果的基础。杂交亲本的选择应根据当地品种特性、自然气候条件、预期目标、饲草料资源、生态环境和人文环境等因素进行综合考虑。

1. 杂交亲本的引进

引进杂交亲本（品种）时，首先要目的明确，即干什么、达到什么样的目标。其次，应充分考虑引进品种原产地的自然气候条件、饲养方式，以及对当地气候条件适应性。否则，引进效果会适得其反。例如，小尾寒羊具有高繁殖力的优良性状，适宜于用它来提高新疆本地羊的繁殖性能。但其适应舍饲饲养方式、放牧性能较差，对高寒气候的适应能力弱。我们在引进时，只能将其作为一个杂交亲本来利用，少量引入，不可大量引进、不适应当地连年饲养；引进的种羊也应做好冬季舍饲保暖等基础建设与饲养管理。我们有过失败教训。

2. 杂交亲本的选择与优化提纯

杂交后代是否能产生杂种优势，其表现程度如何，很大程度上取决于杂交亲本的质量。在生产实践中，往往出现杂种后代的杂种优势不明显，甚至杂种后代的生长发育还比不上本地品种，其主要原因是杂交亲本的品质问题。因此，在生产中，应加强杂交亲本的选优提纯工作，确保杂交亲本的纯度和遗传稳定性。

父本选择："公羊好，好一坡；母羊好，好一窝。"杂交改良中，父本的选择尤其重要。一般应选择体格大、肉用性能突出、生长速度快、肉品质好、遗传性稳定的品种作父本。常用的杂交父本有：特克塞尔、萨福克、道赛特、杜泊、德国肉用美利奴等，这些品种都是国外引进的优良肉用品种，与我国大多数地方品种杂交后，其后代的肉用性能都得到显著提高。

良种良养才能保持和发挥良种的应有效能。但从近几年的情况来看，由于风土驯化和饲养管理水平等缘故，这些引进品种表现出体格变小、雄性机能下降等趋势。加强对引进种羊的饲养管理、选优培育，恢复其原种的特性，对获得理想的杂交改良效果具有直接的重要意义。

母本选择：在肉羊杂交生产中，多数情况下是利用本地品种作为杂交母本，这样可以解决适应性问题，并且减少引种费用。我区目前所用的杂交母本均为地方品种，取得了一定的改良进展。但事实上，地方品种原本在体型外貌、遗传稳定性上均具有一定的缺陷，种群比较混杂；加之，近10多年来"重开发，轻保护"急功近利，忽视了对地方品种的保护和选育，致使优秀种羊大量流失，种群质量严重退化，并未充分发挥出其应有的效能。

"母壮儿肥。"重视地方肉羊种质资源的保护，在加强本品种选育和提纯复壮上狠下功夫，培育优秀的杂交母本，必定将获得更为理想的杂交改良效果。

三、杂交模式

杂交时，不同品种（种群）间的搭配叫做杂交模式。杂交模式是依据某一地区品种资源状况制定的一个框架式的品种搭配方式，一个母本品种可以配备一个或几个与之相匹配的父本品种。如在新疆细毛羊产区，可用与细毛羊被毛颜色一致的德国肉用美利奴、白头萨福克、道赛特和特克赛尔等肉用品种对低产细毛羊进行杂交改良，在保持其不降低毛产量的同时，提高了其产肉性能。

选择正确的杂交模式是杂种优势发挥的重要技术保证。目前，生产中常用的杂交方式主要有二元杂交、三元杂交和级进杂交等。

1. 二元杂交

即两个品种或品系间的杂交，杂交后代全部用于商品生产，其母本种群始终保持纯种状态。这种杂交简单易行，适合于生产技术水平相对较低，羊群饲养管理较粗放的广大地区。

2. 三元杂交

即三个品种间杂交。先用两个品种杂交，选择杂交一代母羊做母本，再用第三个品种做父本与之杂交，其后代为三品种杂种。三元杂交比二元杂交复杂，但杂交效果优于二元杂交，也是目前国内外广泛采用的杂交方式。

3. 级进杂交

是培育新品种的一种方法。即两个品种杂交后，从一代杂种开始和以后各代所产生杂种母羊继续与同品种公羊交配到 3~5 代，使杂种后代的性能和特点基本与父系品种相似，经过横交固定和漫长的选育过程，最终形成一个新品种。

试验研究结果表明，对于经济杂交而言，级进杂交的代数以二代为限。超过二代，则其杂交优势就会下降。

四、杂交组合

在杂交模式下，两两品种间的杂交搭配称之杂交组合。不同品种间的搭配表现出不同的杂交优势，有的相近，有的则相差较大，甚或与预期目标相去甚远。适宜品种间的搭配，可以表现出优于其他品种搭配的杂交优势，这种杂交模式谓之优势杂交组合。优势杂交组合不是凭空想象的，而是通过试验筛选出来的。

当然，优势杂交组合不具有普遍适用性。在此地被认为的一种优势杂交组合并不适用于彼地。这与当地的品种资源、环境和饲养条件以及民风民俗密切相关。例如，引进肉羊专用品种黑头萨福克与新疆地方肉羊品种阿勒泰羊、哈萨克羊、多浪羊等进行杂交，已被公认为是优势杂交组合，但在内地其他省份则不然。因为，黑头萨福克与多为杂色被毛新疆地方肉羊品种杂交，其杂交后代除了与其他杂交组合也具备的耐干旱、耐粗放、放牧性好、早期生长快、羊肉品质好以外，其被毛依然为有色毛，适合穆斯林民族的习俗。

五、适宜新疆不同地区的优化杂交模式

依据新疆羊群结构和现有引进肉羊品种，根据新疆科技工作者多年的试验研究，总结出适宜新疆不同肉羊产区优化杂交模式有以下 4 种。

（一）粗毛羊主产区

1. 二元杂交模式

即以本地粗毛羊与引进专用肉羊进行杂交，杂种一代用于商品肉羊生产，无论公母一律直接育肥出栏、屠宰上市。其特点是杂交后代杂交优势明显，前期生长速度快、产肉性能高，适应性强，对饲养管理条件要求不很高，适宜于南北疆广大农区、农牧交错带放牧、半放牧条件下进行商品肉羊生产（图 6-1）。

本地粗毛羊（♀）×（♂）引进肉羊

↓

F_1 ♀♂羔 ⟶ 育肥出栏

图 6-1 粗毛羊二元杂交模式示意图

2. 三元杂交模式

第一步以多胎绵羊为父本，以本地羊为母本进行交配，以提高杂交一代母羊的产羔率；第二步再用引进肉羊为父本与杂交一代母羊交配，以提高其产肉性能和肉品质量。该模式的特点是能够在短期内较大幅度提高后代繁殖性能和产肉性能，使遗传资源利用和养羊效益最大化。研究结果表明，引进肉羊×小尾寒羊×本地羊三元杂交模式后代的产羔率可达150%左右；道赛特×小尾寒羊×滩羊、特克赛尔×小尾寒羊×滩羊2个三元杂交组合产羔率达到了154%和147%，分别比滩羊提高52%、45%，6月龄羔羊活重分别提高了43.26%和50.45%（赵希智等）。

该模式适宜在饲草料生产条件好、养殖水平相对较高的农区舍饲或工厂化条件下进行商品肉羊生产（图6-2），也是今后农区肉羊产业发展的趋势和方向。

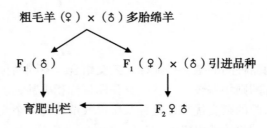

图6-2 粗毛羊三元杂交示意图

（二）细毛羊产区

细毛羊杂交模式：对于低等级细毛羊（羊毛细度在64支以下、非品种保护区），选用白色被毛的引进品种（德国肉用美利奴、道赛特）做父本与其杂交，在基本上不改变羊毛性状的前提下，提高后代产肉性能，达到"肉毛"双赢的目的（图6-3）。新疆畜牧科学院畜牧所肉羊组对道细杂 F_1、F_2 代生产性能、产肉性能及肉品质进行测定分析，其综合品质均明显优于细毛羊。罗惠娣等对道赛特与细毛羊杂交后代羊毛品质进行分析结果也表明，道细杂交后代的羊毛细度均在 $26\mu m$ 左右，差异不显著。

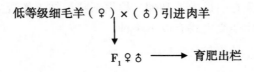

图6-3 细毛羊二元杂交模式示意图

（三）多胎羊产区

多胎羊杂交模式：此模式是根据新疆现有多胎羊（多浪羊、策勒黑羊）和近年来大批量引进小尾寒羊和湖羊等多胎肉羊的实际而探索出的一种肉羊高效生产模式。特点是短时期内就能置换出适合舍饲条件下饲养的多胎群体，且后代表现出较高的繁殖性能和产肉性能（图6-4）。

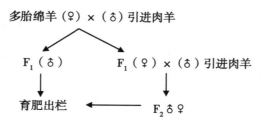

图 6-4 多胎羊杂交模式示意图

六、适宜新疆不同地区的优势杂交组合

(一)萨福克×粗毛羊组合

黑头萨福克×粗毛羊组合目前已被新疆人民广泛接受,公认为最好的经济杂交组合。黑头萨福克与阿勒泰羊、哈萨克羊、巴什拜羊地方品种肉羊杂交最突出的特点是:杂交后代适应性好,前期生长速度快;尾巴明显变小,尾脂在胴体中所占的比重明显下降(5%左右),皮下脂肪厚度变小(≤0.8mm),肌间脂肪含量增加,可达到优质肥羔的标准;尤其是棕红色被毛、黑色头蹄符合伊斯兰教习惯要求,深受穆斯林民族的欢迎。

对黑头萨福克与阿勒泰羊杂交效果的研究表明,其杂交羔羊前期生长速度快,2月龄断奶活重、4~5月龄育肥出栏活重和同体重较同龄纯种粗毛羊分别增加 5~8kg、6~10kg 和 3~5kg;胴体脂肪含量降低,人体所需的必需氨基酸含量高、种类齐全;屠宰率、肉骨比也有较明显的提高(表6-1至表6-6)。

表6-1 不同杂交组合生产性能测定

品种与组合	母羊产羔率(%)	年龄(月)	活重(kg)	日均增重(g)	胴体重(kg)	屠宰率(%)	尾 脂	
							重(kg)	占胴体(%)
道阿 F_1	137	4~5	40.65	255	18.13	48.56	0.50	2.82
萨阿 F_1	132	4~5	41.17	269	17.88	47.30	0.50	2.81
道阿 F_2	138	4~5	39.70	241	18.38	47.61	0.18	1.09
萨阿 F_2	147	4~5	40.18	255	17.68	46.43	0.30	1.67
道细 F_1	141	4~5	40.39	254	17.33	46.98	0.10	0.60
细毛羊	105~110	4~5	34.29	206	14.50	48.47	0.08	0.54
阿勒泰羊	100~105	4~5	35.82	222	16.25	50.16	2.52	15.35

表6-2 胴体中常规营养成分分析对比表

品种与组合	干物质(%)	蛋白质(%)	脂肪(%)	肌内脂肪(%)	灰分(%)
道大 F_1	40.9	15.1	22.9	2.65	0.97
萨大 F_1	35.9	17.3	17.6	1.50	1.06
道大 F_2	37.5	17.8	21.1	3.00	1.12

（续表）

品种与组合	干物质（%）	蛋白质（%）	脂肪（%）	肌内脂肪（%）	灰分（%）
萨大 F_2	42.5	17.1	27.3	3.05	1.02
阿勒泰羊	45.7	14.8	26.6	2.35	0.89
道细 F_1	34.8	17.5	17.3	2.25	1.06
道细 F_2	32.6	16.4	17.1	2.60	1.07
细毛羊	34.1	17.2	15.8	1.90	1.08

表6-3 胴体中微量元素及膻味物测定结果

品种	硒	铜	锌	钙	磷	膻味物
道大 F_1	0.018	0.150	18.15	64.30	0.100	0.155
萨大 F_1	0.004	0.300	19.35	78.15	0.125	0.120
道大 F_2	0.004	0.200	21.00	66.70	0.115	0.120
萨大 F_2	0.003	0.100	14.75	50.35	0.095	0.165
阿勒泰羊	0.008	0.300	20.00	84.10	0.115	0.150
道细 F_1	0.008	0.150	19.25	75.55	0.130	0.140
道细 F_2	0.023	0.250	21.20	74.45	0.130	0.115
细毛羊	0.003	0.300	17.25	76.95	0.125	0.175

表6-4 胴体中维生素含量测定结果统计表

品种	维生素A	维生素B_1	维生素B_2	维生素C	维生素E	肌酸	肌酸酐	肌苷酸	鸟苷酸
道大 F_1	0.024	0.015	0.310	0.890	0.021	372.50	5.46	1.065	0.155
萨大 F_1	0.024	0.019	0.380	2.065	0.030	459.00	5.46	0.760	0.210
道大 F_2	0.048	0.020	0.690	4.445	0.030	436.50	6.98	0.875	0.180
萨大 F_2	0.029	0.015	0.455	2.490	0.021	402.00	9.67	0.970	0.205
阿勒泰羊	0.028	0.020	0.225	1.510	0.016	406.00	4.83	0.735	0.175
道细 F_1	0.037	0.025	0.245	2.680	0.023	476.50	9.78	1.295	0.255
道细 F_2	0.021	0.030	0.165	1.025	0.030	451.50	5.35	2.040	0.180
细毛羊	0.023	0.020	0.340	1.295	0.031	411.00	10.74	1.155	0.160

表6-5 胴体中必须氨基酸含量测定表

品种	精AA	组AA	赖AA	苯丙AA	蛋AA	苏AA	异亮AA	亮AA	缬AA
道阿 F_1	1.390	0.790	1.450	0.740	0.495	0.535	0.755	1.480	0.770
萨阿 F_1	1.480	0.900	1.925	0.795	0.510	0.700	0.820	1.625	0.855

（续表）

品种	精 AA	组 AA	赖 AA	苯丙 AA	蛋 AA	苏 AA	异亮 AA	亮 AA	缬 AA
道阿 F_2	1.675	1.055	4.330	1.035	0.910	0.920	1.265	2.460	1.335
萨阿 F_2	1.485	0.985	2.730	0.710	0.425	1.015	0.965	1.025	1.020
阿勒泰羊	1.150	0.745	1.570	0.780	0.375	0.520	0.695	1.330	0.795
道细 F_1	1.675	1.000	2.430	0.940	0.590	0.825	0.985	1.930	1.025
道细 F_2	1.615	0.905	2.160	0.885	0.560	0.800	0.925	1.805	0.960
细毛羊	1.410	0.985	2.040	0.900	0.575	0.635	0.940	1.785	0.970

表 6 - 6　胴体中非必须氨基酸含量测定表

品种	天门冬 AA	酪 AA	脯 AA	胱 AA	色 AA	丝 AA	谷 AA	甘 AA	丙 AA
道大 F_1	1.650	0.615	0.770	0.070	0.140	0.790	3.005	0.825	1.140
萨大 F_1	1.940	0.690	0.865	0.060	0.135	0.835	3.250	0.915	1.210
道大 F_2	2.690	1.035	1.250	0.225	0.150	1.025	4.290	1.025	1.745
萨大 F_2	2.925	0.405	0.910	0.205	0.145	0.950	4.235	0.960	0.680
阿勒泰羊	1.485	0.590	0.695	0.100	0.145	0.625	2.515	0.780	1.010
道细 F_1	2.090	0.845	0.975	0.065	0.150	0.925	3.710	0.990	1.400
道细 F_2	2.115	0.775	0.945	0.075	0.140	0.905	3.590	0.940	1.300
细毛羊	2.035	0.755	0.964	0.090	0.155	0.910	3.530	0.970	1.315

　　新疆养殖粗毛羊的广大农区、半农半牧区集约化、规模化养殖场及分散养殖户的商品肉羊生产均可采用黑头萨福克×粗毛羊组合。

　　（二）萨福克×多浪羊

　　多浪羊是新疆唯一一个具有多胎性、常年发情的地方肉羊品种，多胎率约占群体的30%，第一胎不表现多胎性状，2～4胎为稳定高峰期，第五胎有所下降，第六胎及以后多胎性能消失。

　　用黑头与萨福克多浪羊进行杂交，其后代具有一定的多胎性、耐粗放管理，幼年期被毛为棕红色，尾巴明显变小、生长速度加快、产肉率高，深受当地群众和客商的青睐，"活羊出手快，价格每千克比纯种多卖1元钱以上"。

　　多浪河流域及多浪羊养殖的地区和农户均可采用这种杂交组合，进行商品肉羊生产。

　　（三）萨福克×小尾寒羊组合

　　黑头萨福克与小尾寒羊杂交，产羔率在200%以上。杂交一代羔羊被毛为白底黑斑的"黑白花"，黑斑主要集中分布在头和腿部；尾巴呈圆柱形垂于两后腿之间；后驱发育有明显改善。

　　此组合在小尾寒羊引进区不失为一种增加羊肉产量、提高经济收入的好方式。但大群饲养管理不善，死亡率较高（20%～30%）。因此，应增加母羊妊娠后期和泌乳期的精饲料和青贮饲料的供给量，以提高羔羊成活率。在饲养条件较好的规模化羊场及专业养殖大户，宜采用代乳料人工育羔技术（详见第四节）。

（四）道赛特（德国肉用美利奴）×细毛羊组合

道赛特与细毛羊杂交，可在保证羊毛产量和质量无明显变化的前提下，提高细毛羊的繁殖和产肉性能。如表 2－1 所示：道细 F_1 母羊产羔率可达到 141%，2～2.5 月龄断奶育肥 60d 日均增重 254g，4～5 月龄育肥出栏公羔活重在 40kg 以上，胴体重可达 17.33kg，较纯种细毛羊分别增长 50g，7.10kg，2.8kg。据不完全统计，羊毛产量和质量亦不低于细毛羊平均水平。

德细杂交组合有着与道细杂交组合异曲同工之妙，但其杂交后代羊毛质量和产量均较后者为优，可以在新疆伊犁、博乐、叶城、石河子等细毛羊产区非品种保护场及个体养殖户全面推广。

道细、德细杂交组合已在新疆伊犁、博乐、叶城、石河子等细毛羊产区非品种保护场及个体养殖户全面推广。

（五）杜泊×湖羊（小尾寒羊）组合

新疆西部牧业股份有限公司以杜波羊为父本与我国著名多胎绵羊品种湖羊进行杂交，辅以绵羊 FecB 多胎位点标记基因早期诊断技术，筛选出的优良杂交组合。杜湖杂交母羊繁殖率在 200% 以上；公羔 4 月龄活重 40～50kg，屠宰率高达 55%；肌肉大理石样明显，肉质细腻鲜嫩。公司采用"基地＋合作社＋农户"的产业化生产模式在石河子产区推广，收到了良好的效果。

杜波×小尾寒羊组合有着与杜湖组合相似的效果，在吐鲁番地区深受老百姓欢迎。这两个杂交组合在母羊产羔率方面十分接近，但前者杂交后代体型相对紧凑结实、后驱丰满、产肉率高、耐酷热；后者杂交后代体型稍显单薄。

此两个杂交组合的共同缺点是，母羊泌乳能力有限，羔羊成活率较低。因此，群体不宜过大，在增加母羊妊娠后期和泌乳期的精饲料和多汁青绿饲料（青贮饲料）供给量的同时，辅以羔羊代乳料人工育羔技术，以提高羔羊成活率。

杜波×湖羊（小尾寒羊）组合适宜于气候温暖干燥的吐鲁番、哈密、喀什等广大南疆地区和北疆农区舍饲、半舍饲饲养方式。

（六）萨福克×小尾寒羊×粗毛羊

此组合，第一步先行小尾寒羊×粗毛羊杂交，给本地肉羊导入多胎基因，提高后代的繁殖率；第二步再行用黑头萨福克与粗寒 F_1 母羊杂交，以提高后代的产肉性能和羊肉品质。此三元杂交组合，既保留了本地羊对高寒条件的适应性，又获得了适宜的高产羔率和产肉性能。此外，小尾寒羊×粗毛羊的 F_1 代被毛为"黑白花"，再与黑头萨福克杂交后被毛为黑头黑蹄棕红色，依然符合伊斯兰教的要求，可创"清真品牌"。

此杂交组合适宜于南疆广大穆斯林聚居区舍饲、半舍饲商品肉羊产业化生产。

第二节 母羊频密繁育技术

一、概念

两年三产频密繁育是相对于常规的两年两产而言的，即母羊在两年24个月内产3次羔。肉用绵羊怀孕期约为150d，哺乳期和配种期各约45d，8个月为一个繁殖周期，两年产三次羔。如此这般，每产单胎两年就可产3只羔，比常规繁育的两年产2只羔增加1只羔、繁殖效率提高了50%；若是多胎羊，则产至少6只羔、繁殖效率则是常规的3倍。从根本上突破了限制我国肉羊产业现代化第一瓶颈问题——繁殖率低、经济效益差的问题，为实现传统放牧养羊业向集约化、规模化现代养羊业的转变、提升产业化水平开辟了一条新的途径。其次，最大限度地发挥了肉羊遗传潜力，增加了单位时间内生物学产量和市场羊肉的全年均衡供给量，满足人民日益增长的物质文化的需求，对稳定羊肉价格、丰富和繁荣区域经济和促进边疆稳定，具有积极的政治意义和战略意义。

二、实施细则

该体系一般有固定的配种和产羔计划，羔羊一般是2月龄断奶，母羊在羔羊断奶后1个月配种；为了达到全年均衡产羔、科学管理的目的，在生产中，常根据适繁母羊的群体大小确定合理的生产节律，并依据生产节律将适繁母羊群分成8个月产羔间隔相互错开的若干个生产小组（或者生产单元），制定配种计划。每个生产节律期间对1个生产小组按照设计的配种计划进行配种，如果母羊在组内怀孕失败，1个生产节律后参加下一组配种。这样每隔1个生产节律就有一批羔羊屠宰上市。

1. 确定合理生产节律

生产节律即批次间配种或产羔的时间间隔，一般以月为单位，计算方法为：

$$生产节律（月）=繁殖周期/配种批次数$$

例如：8个月的繁殖周期内安排4批配种，即其生产节律 = 8/4 = 2（月）；如果8个月的繁殖周期内安排8批配种，则其生产节律 = 8/8 = 1（月）。原则上，生产节律取整数，有利于生产安排。

合理的生产节律不但有利于提高规模化肉羊生产场适繁母羊群体的繁殖水平，全年均衡供应羊肉上市，而且便于进行集约化科学管理，提高设备利用率和劳动生产率。确定合理的生产节律的实质是根据适繁母羊的群体大小以及羊场现有羊舍、设备、管理水平等条件，在羊舍及设备的建设规模和利用率、劳动强度和劳动生产率、生产成本和经济效益、生产批次和每批次的生产规模等矛盾中作出最合理的选择。

理论上讲，生产节律越小，对羊舍尤其是配种车间、人工授精室及其配套设备等建设规模要求越小，利用率越高；较小的生产节律也缩短了适繁母羊群体的平均无效饲养时间，生产成本降低，经济效益提高；但同时导致生产批次增加，批次的生产规模变小，与此相应的则是工人的劳动强度越大，劳动生产率降低。而生产节律的逐渐变大，羊舍及设备的建设规模和利用率、劳动强度和劳动生产率、生产成本和经济效益、生产批次和批次的生产规模等变化则正好相反。

宁夏农垦依据目前肉羊业生产中羊舍、设备建设情况及饲养管理水平现状分析，认为：大型规模化肉羊生产场较适宜按照月节律组织两年三产密集繁殖体系，中、小型规模化肉羊生产场则以2个月节律组织生产较为适宜。

2. 确定适宜的生产单元

生产单元即生产批次。为了实现全年均衡生产，在两年三胎密集繁殖体系的具体实施过程中，常依据生产节律将适繁母羊群分成若干个生产小组（或者生产单元）组织生产。适宜的生产单元数量可按下式进行估算：

$$生产单元数量（M）= 8/F \quad [F - 生产节律（月）]$$

生产单元数量应为整数。所以，在确定生产节律时应考虑其能够被8整除。当生产节律不能被8整除时，可依据四舍五入的原则对估算结果进行取整处理。按照月节律组织生产的大型规模化肉羊生产场，可将适繁母羊群分成8个生产单元；按照2个月节律组织生产的中型、小型规模化肉羊生产场，可将适繁母羊群分成4个生产单元。

3. 生产单元的组建

（1）传统的组建方案　根据以上论述，每个生产单元的群体规模可依据肉羊生产场适繁母羊群体数量及上述参数，按下式进行估算：

$$生产单元平均群体规模 n（只/个）= N/M$$

式中：N—适繁母羊总数（只）；

M—生产单元数量（个）。

根据以上估算结果，将羊场全部适繁母羊按照等分的原则即可极为方便的组建8个或者4个相同规模的生产单元。每个生产单元按照预先设计的配种计划进行配种，如果母羊在组内怀孕失败，则1个生产节律后参加下一组配种。

考虑到配种时母羊受胎率的实际情况（一般以25d不返情率R表示），上述8个或者4个生产单元表面上看似规模相同，但事实上其配种时规模和配种后妊娠母羊的饲养规模则不尽相同。若两年三胎密集繁殖体系起始实施点第一个生产单元的配种规模为n，配种后妊娠母羊的饲养规模即为$n \times R$；第二个生产单元的配种规模和妊娠母羊的饲养规模均分别为$n + n（1 - R）= n（2 - R）$、$[n + n（1 - R）] R = n（2 - R）R$。其余以此类推。

按照上述方案组建的生产单元在运行过程中不但不能实现全年均衡生产（生产单元群体规模逐渐增大），且与预期结果相比较，将导致一定数量的母羊增加了无效饲养时间，故该方案在具体实施过程中应加以改进。

（2）改进的组建方案

为了克服传统组建方案的上述不足，各生产单元群体规模可改进为：

第1个生产单元（只）$= n/R$

第2~7或第2~3个生产单元（只）$= n$

第8或第4个生产单元（只）$= n + n（1 - R）/R = n/R^2$。

在此方案下各生产单元的配种规模分别为：

第1个生产单元（只）$= n/R$

第2~7或第2~3个生产单元（只）$= n/R$

第8或第4个生产单元（只）$= [n - n \times（1 - R）/R + n/R（1 - R）] = n$

配种后妊娠母羊的饲养规模分别为：

第1个生产单元（只）=n

第2~7或第2~3个生产单元（只）=n

第8或第4个生产单元（只）=nR（表6-7）。

改进后的组建方案，虽然各生产单元群体规模不同，但除最后一个生产单元外的其他各单元的配种规模、妊娠羊饲养规模完全一致，基本实现了全年均衡生产。更为重要的是，新组建方案在实施过程中较传统组建方案减少了K只母羊1个生产节律的无效饲养时间。

表6-7　生产单元组建方案及运行效果

项目	第1生产单元	第2~7（2~3）生产单元	第8（4）生产单元
群体规模（只）	n/R	n	$n+n(1-R)/R$
配种规模（只）	n/R	n/R	n
妊娠羊饲养规模（只）	n	n	nR

$$K（只）=\frac{N}{M}\times\frac{(1-R)\times(M-1)}{R}-\frac{N}{M}\times\frac{(1-R)}{R}$$
$$\left[1-(1-R)-(1-R)^2-\cdots-(1-R)^{M-1}\right]$$

假设规模化肉羊生产场适繁母羊群体数量$N=3\,000$只，生产单元数量$M=4$，配种母羊25d不返情率$R=70\%$，则新组建方案较传统组建方案将减少777只母羊1个生产节律（即2个月）的无效饲养时间；生产单元数量$M=8$时，新组建方案较传统组建方案将减少1 033只母羊1个生产节律（即1个月）的无效饲养时间，经济效益十分显著。

4. 配种方法

肉羊的配种方法分为自由交配、人工辅助交配和人工授精3种。根据商品肉羊生产场目前种公羊存栏数量、技术力量等实际情况及今后发展趋势，规模化肉羊生产场配种方法应以人工授精为主，个别商品肉羊生产场可采用人工辅助交配的配种方法。

5. 配种和产羔计划

规模化肉羊生产场两年三胎密集繁殖体系实施方案的核心，是根据适繁母羊在特定地理生态条件所表现出的繁殖性能特点，确定方案实施的起始点，并依据业已确定的生产节律、组建的生产单元和适宜的配种方法等，制定相对固定的配种和产羔计划。为方便两年三胎密集繁殖体系实施，可选择母羊发情最为集中的7月为方案实施的起始点，与2个月节律生产相配套的配种和产羔计划见表6-8。

表6-8　两年三胎密集繁殖体系配种和产羔计划

胎次	项目	时间安排			
		生产单元Ⅰ	生产单元Ⅱ	生产单元Ⅲ	生产单元Ⅳ
第1胎	配种	第1年07月	第1年09月	第1年11月	第2年01月
	妊娠	第1年07月至第1年12月	第1年09月至第2年02月	第1年11月至第2年04月	第2年01月至第2年06月

（续表）

胎次	项目	时间安排			
		生产单元Ⅰ	生产单元Ⅱ	生产单元Ⅲ	生产单元Ⅳ
	分娩	第1年12月	第2年02月	第2年04月	第2年06月
	哺乳	第1年12月至第2年02月	第2年02月至第2年04月	第2年04月至第2年06月	第2年06月至第2年08月
	断奶	第2年02月	第2年04月	第2年06月	第2年08月
第2胎	配种	第2年03月	第2年05月	第2年07月	第2年09月
	妊娠	第2年03月至第2年08月	第2年05月至第2年10月	第2年07月至第2年12月	第2年09月至第3年02月
	分娩	第2年08月	第2年10月	第2年12月	第3年02月
	哺乳	第2年08月至第2年10月	第2年10月至第2年12月	第2年12月至第3年02月	第3年02月至第3年04月
	断奶	第2年10月	第2年12月	第3年02月	第3年04月
第3胎	配种	第2年11月	第3年01月	第3年03月	第3年05月
	妊娠	第2年11月至第3年04月	第3年01月至第3年06月	第3年03月至第3年08月	第3年05月至第3年10月
	分娩	第3年04月	第3年06月	第3年08月	第3年10月
	哺乳	第3年04月至第3年06月	第3年06月至第3年08月	第3年08月至第3年10月	第3年10月至第3年12月
	断奶	第3年06月	第3年08月	第3年10月	第3年12月

三、预期效果

按照本设计方案，实施规模化肉羊生产场两年三胎密集繁殖体系，不但可以实现优质肥羔的全年均衡生产，而且能够较大幅度的提高适繁母羊的繁殖生产效率，为商品肉羊生产场获取较高的经济效益提供了基础条件和重要保障。据估算：两年三胎密集繁殖体系母羊的繁殖生产效率较一年一胎的常规繁殖体系增加40%以上；较目前较先进的10个月产羔间隔的繁殖体系增加25%左右，生产效率和经济效益十分显著，可以在新疆南、北疆各地全面推广。

四、肉羊两年三产条件技术支持

两年三胎密集繁殖体系的实施是一项复杂的系统工程，涉及一个地区的地理生态条件、品种资源和饲料资源情况、母羊的繁殖性能特点以及羊场的管理能力、设备条件和技术水平等诸多因素。若无强大的条件技术支持，两年三胎密集繁殖体系的实施将成为纸上谈兵，难以达到预期效果。

1. 条件支持

（1）配种母羊应具备常年发情、多产多胎的特性　如我国的小尾寒羊和湖羊，新疆本地的多浪羊、策勒黑羊，以及引进良种肉羊与地方肉羊品种的杂交一代母羊等。

（2）公羊以引进良种肉羊为佳　肉用型或当地地方品种为佳。常用品种有萨福克、道塞特、特克赛尔等。

（3）农区的饲料资源丰富充足　两年三产密集繁殖体系适宜在经济较为发达的农区实施，农作物籽实及其加工副产品、秸秆、棉籽壳、果蔬、甜菜和番茄加工残渣，醋糟、酒糟等均可作为肉羊的饲料来源。实施两年三产的羊场70%饲料来源于自产自给。

（4）羊场（公司）技术力量雄厚　有健全强大的生产技术管理队伍和科研队伍，技术人员具有大专以上的专业学历及相应的技术职称。

2. 技术支持

（1）绵羊繁育技术　种羊繁育、杂交配套技术，同期发情、人工授精技术等。

（2）饲养管理技术　营养调控技术，饲草料加工调制技术，日粮配方技术，代乳料与人工育羔技术，羔羊早期断奶技术，羔羊育肥技术等。

（3）兽医防治技术。

五、注意事项

1. 加强空怀母羊的饲养管理

在实际生产中，空怀母羊因不妊娠、不泌乳往往被忽视。要注意空怀母羊的饲养管理。空怀母羊的营养水平上不去，体况恢复就会延迟，势必延期配种、打乱生产秩序。

2. 做好选配计划，避免近亲交配

密集繁殖体系配种频繁，不仅要求种公羊群保持一定的规模，而且一定要做好严格的选配计划、避免近亲交配，父本与母本的血缘关系要远，要经常交换导血；杂交母羊的多胎性有随杂交代数增加而下降的趋势，在生产中，以选用杂交一代母羊为好。

3. 注意妊娠母羊的饲养管理

妊娠母羊避免食入冰冻饲料和发霉变质的饲料；要保证饮水清洁卫生；圈舍干燥、定期消毒；尽量避免母羊拥挤和追赶，减少母羊的发病率和流产率。

第三节　母羊营养调控技术

繁殖母羊担负着妊娠、泌乳等各项繁殖任务，是羊群正常发展的基础，饲养得好与坏是羊群能否发展、品质能否改善和提高的重要因素。繁殖母羊除要求本身生长发育好，具有高产性能外，还需具备较高的繁殖力，能正常受孕，所产初生胎儿重，生长发育好，羔羊成活率高。为实现这些目的，对繁殖母羊应分别做好配种前期、妊娠前期、妊娠后期、哺乳期、空怀期等的饲养管理工作，应常年保持良好的饲养管理条件，以求实现多胎、多产、多活、多壮的目的。母羊的饲养管理重点在怀孕期和哺乳期，其中，怀孕后期和哺乳前期尤为重要，是胎儿迅速生长时期和羔羊成活的关键时期，要重点做好这两个时期的饲养管理工作。

一、妊娠前期的饲养管理

母羊的妊娠期平均为150d，分为妊娠前期和妊娠后期。受胎以后的前3个月为妊娠前期，母羊妊娠前期的饲养管理对提高其繁殖力和生产力有重要作用。此期的任务是要继续保持配种时的良好的膘情，早期保胎，预防流产。

1. 饲养管理要点

（1）因胎儿生长缓慢，所需营养和空怀期基本相近，一般的母羊可适量增加精料或不增加精料，但是，必须保证严格的饲料质量、营养平衡和母羊所需营养物质的全价性，并应补喂一定量的优质蛋白质饲料。

（2）初配母羊的营养水平应高于成年母羊，以满足体重继续增长的需要。

（3）应单独分群饲养，避免公羊的影响。

（4）供应充足饮水、保持圈舍清洁卫生、干燥、安静，要做好夏季防暑降温和冬季保暖工作。

（5）配种后 35d 内不得长途迁移或运输。

（6）避免羊只食入霜草、霉烂或有毒饲料。尽量避免羊只受惊猛跑，不饮冰碴水，不走滑冰道，不爬大坡，防止发生早期流产。

2. 营养需要

妊娠前期母绵羊的日粮干物质进食量和消化能、代谢能、粗蛋白质、钙、总磷、食用盐每日营养需要量和空怀期母绵羊相同（表6-9）。

表6-9　肉用杂交母羊妊娠前期适宜营养需要量　　　　（单位：d/只）

体重（kg）	日增重（g）	消化能（kg）	代谢能（MJ）	粗蛋白质（g）	钙（g）	磷（g）
40~45	50	1.147	10.495	139.2	9.5	6.3
	100	1.218	11.089	148.2	9.5	6.3
	150	1.289	11.683	157.2	9.5	6.3
	200	1.361	12.277	166.3	9.5	6.3
	250	1.432	12.870	175.3	9.5	6.3
	300	1.503	13.464	184.3	9.5	6.3
46~50	50	1.152	10.536	139.6	9.7	6.5
	100	1.223	11.130	148.6	9.7	6.5
	150	1.294	11.724	157.6	9.7	6.5
	200	1.365	12.318	166.7	9.7	6.5
	250	1.436	12.912	175.7	9.7	6.5
	300	1.507	13.506	184.7	9.7	6.5
51~55	50	1.156	10.578	140.0	9.2	6.1
	100	1.227	11.172	149.0	9.2	6.1
	150	1.299	11.766	158.0	9.2	6.1
	200	1.370	12.360	167.0	9.2	6.1
	250	1.441	12.954	176.1	9.2	6.1
	300	1.512	13.548	185.1	9.2	6.1

（续表）

体重（kg）	日增重（g）	消化能（kg）	代谢能（MJ）	粗蛋白质（g）	钙（g）	磷（g）
56~60	50	1.161	10.620	140.3	9.5	6.3
	100	1.232	11.214	149.4	9.5	6.3
	150	1.303	11.807	158.4	9.5	6.3
	200	1.374	12.401	167.4	9.5	6.3
	250	1.445	12.995	176.5	9.5	6.3
	300	1.516	13.589	185.5	9.5	6.3
61~65	50	1.165	10.661	140.7	11.5	7.9
	100	1.237	11.255	149.8	11.5	7.9
	150	1.308	11.849	158.8	11.5	7.9
	200	1.379	12.443	167.8	11.5	7.9
	250	1.450	13.037	176.8	11.5	7.9
	300	1.521	13.631	185.9	11.5	7.9
66~70	50	1.170	10.703	141.1	10.8	7.2
	100	1.241	11.297	150.1	10.8	7.2
	150	1.312	11.891	159.2	10.8	7.2
	200	1.383	12.485	168.2	10.8	7.2
	250	1.455	13.078	177.2	10.8	7.2
	300	1.526	13.672	186.2	10.8	7.2
71~75	50	1.175	10.745	141.5	11.4	7.6
	100	1.246	11.338	150.5	11.4	7.6
	150	1.317	11.932	159.6	11.4	7.6
	200	1.388	12.526	168.6	11.4	7.6
	250	1.459	13.120	177.6	11.4	7.6
	300	1.530	13.714	186.6	11.4	7.6
76~80	50	1.179	10.786	141.9	10.3	6.9
	100	1.250	11.380	150.9	10.3	6.9
	150	1.321	11.974	159.9	10.3	6.9
	200	1.393	12.568	169.0	10.3	6.9
	250	1.464	13.162	178.0	10.3	6.9
	300	1.535	13.756	187.0	10.3	6.9

注：钙磷摄入量与其日增重无显著相关性，表中所取数据为实际摄入量平均值

3. 适宜日粮配方

妊娠前期母绵羊每日适宜日粮配方和空怀期母绵羊相同，参见表 6-9。

二、妊娠后期饲养管理

妊娠后期，即妊娠最后 2 个月，此时胎儿生长迅速，85%～90% 的胎儿重量在此期形成，这一阶段需要饲料营养充足、全价。如果此期营养不足会影响胎儿发育，羔羊初生重小，被毛稀疏，生理机能不完善，体温调节能力差，抵抗力弱，羔羊成活率低，极易发病死亡。同时，母羊体质差，泌乳量降低，也会影响羔羊的健康和生长发育。母羊妊娠后期的管理中心任务是提供充足营养促进胎儿发育，防止剧烈运动和流产。

1. 饲养管理要点

（1）增加饲料供给量，保证营养物质的供应。要注意供给优质、全价营养、体积较小的饲料饲草。在产前 15d 左右多喂一些多汁料和精料，以促进乳腺分泌。在产前 1 周，要适当减少精料用量，以免胎儿过大造成难产。要注意蛋白质、钙、磷等的补充，能量水平不宜过高。

（2）禁止饲喂马铃薯、酒糟和未经去毒处理的棉籽饼或菜籽饼，并禁饲喂霉烂变质、过冷或过热、酸性过重或掺有麦角、毒草的饲料，以免引起母羊流产、难产和发生产后疾病。

（3）加强运动。每天放牧可达 6h 以上，游走距离 8km 以上，但要缓慢运动，否则会使母羊的体力下降，使产羔时难产率增加。

（4）饮用清洁水，晚上羊休息前不饮水，早晨空腹时不饮冷水，忌饮冰冻水。

（5）不宜进行疫苗预防注射（四联苗的预防注射除外）。

（6）羊舍保持温暖、干燥通风良好。

（7）在放牧时，做到慢赶、不打、不惊吓、不跳沟、不走冰滑地和出入圈不拥挤，要有足够的饲槽和草架。

（8）临产前 1 周左右，不得远牧，应在羊舍附近做适量的运动。临产前 3d 转入经消毒准备好的产羔舍单栏饲养，注意观察，做好接产的准备工作。对于可能产双羔的母羊及初产母羊要格外加强管理。

2. 营养需要

妊娠后期母羊的日粮干物质进食量和消化能、代谢能、粗蛋白质、钙、总磷、食用盐每日营养需要量见表 6-10。

3. 妊娠后期母羊适宜日粮配方

具体参见表 6-11。

三、泌乳期的饲养管理

母羊在分娩过程中失水较多，新陈代谢功能下降，抗病力减弱。若此时护理不当，不仅影响母羊的健康，泌乳性能下降，而且还会直接影响到羔羊的哺乳和生长发育。

1. 饲养管理要点

绵羊的泌乳期一般为 3～4 个月（两年三产羊则为 2 月左右），分泌乳前期和泌乳后期两个阶段。

表6-10 肉用杂交母羊妊娠后期适宜营养需要量 （单位：d/只）

体重（kg）	日增重（g）	DM（kg）	ME（MJ）	CP（g）	Ca（g）	P（g）
40~45	50	1.023	10.162	133.2	11.0	7.3
	100	1.117	10.961	144.3	11.0	7.3
	150	1.211	11.759	155.4	11.0	7.3
	200	1.305	12.558	166.5	11.0	7.3
	250	1.398	13.357	177.7	11.0	7.3
	300	1.492	14.156	188.8	11.0	7.3
	350	1.586	14.954	199.9	11.0	7.3
46~50	50	1.026	10.217	134.1	11.1	7.4
	100	1.120	11.015	145.2	11.1	7.4
	150	1.214	11.814	156.4	11.1	7.4
	200	1.308	12.613	167.5	11.1	7.4
	250	1.402	13.412	178.6	11.1	7.4
	300	1.495	14.210	189.7	11.1	7.4
	350	1.589	15.009	200.9	11.1	7.4
51~55	50	1.029	10.271	135.1	11.1	7.4
	100	1.123	11.070	146.2	11.1	7.4
	150	1.217	11.869	157.3	11.1	7.4
	200	1.311	12.668	168.4	11.1	7.4
	250	1.405	13.466	179.6	11.1	7.4
	300	1.499	14.265	190.7	11.1	7.4
	350	1.593	15.064	201.8	11.1	7.4
56~60	50	1.033	10.326	136.0	10.9	7.3
	100	1.127	11.125	147.1	10.9	7.3
	150	1.220	11.924	158.3	10.9	7.3
	200	1.314	12.722	169.4	10.9	7.3
	250	1.408	13.521	180.5	10.9	7.3
	300	1.502	14.320	191.6	10.9	7.3
	350	1.596	15.119	202.8	10.9	7.3

（续表）

体重（kg）	日增重（g）	DM（kg）	ME（MJ）	CP（g）	Ca（g）	P（g）
61～65	50	1.036	10.381	137.0	10.9	7.3
	100	1.130	11.180	148.1	10.9	7.3
	150	1.224	11.978	159.2	10.9	7.3
	200	1.317	12.777	170.3	10.9	7.3
	250	1.411	13.576	181.5	10.9	7.3
	300	1.505	14.375	192.6	10.9	7.3
	350	1.599	15.173	203.7	10.9	7.3
66～70	50	1.039	10.436	137.9	11.0	7.3
	100	1.133	11.234	149.0	11.0	7.3
	150	1.227	12.033	160.2	11.0	7.3
	200	1.321	12.832	171.3	11.0	7.3
	250	1.415	13.631	182.4	11.0	7.3
	300	1.508	14.429	193.6	11.0	7.3
	350	1.602	15.228	204.7	11.0	7.3
71～75	50	1.042	10.490	138.9	11.4	7.6
	100	1.136	11.289	150.0	11.4	7.6
	150	1.230	12.088	161.1	11.4	7.6
	200	1.324	12.887	172.2	11.4	7.6
	250	1.418	13.685	183.4	11.4	7.6
	300	1.512	14.484	194.5	11.4	7.6
	350	1.605	15.283	205.6	11.4	7.6
76～80	50	1.046	10.545	139.8	11.4	7.6
	100	1.139	11.344	150.9	11.4	7.6
	150	1.233	12.143	162.1	11.4	7.6
	200	1.327	12.941	173.2	11.4	7.6
	250	1.421	13.740	184.3	11.4	7.6
	300	1.515	14.539	195.5	11.4	7.6
	350	1.609	15.338	206.6	11.4	7.6

注：钙磷摄入量与其日增重无显著相关性，表中所取数据为实际摄入量平均值

表6-11 道赛特、萨福克与本地绵羊杂交肉用羊适宜日粮配方

配方	适用对象	混合精料 (%)									饲喂量 [kg/(只·d)]			
		玉米	棉籽粕	葵粕	麸皮	食盐	添加剂	豆粕	碳酸氢钠	酵母	混合精料	苜蓿草粉	小麦秸粉	青贮玉米
1	妊娠前期道细 F₁ 母羊	28.56	17.86	14.29	28.57	5.36	5.36				0.230	0.330	0.300	1.800
2	妊娠前期道萨 F₁ 母羊	26.32	18.42	21.05	26.31	3.95	3.95				0.330	0.310	0.235	1.850
3	妊娠前期道阿 F₁ 母羊	28.56	17.86	14.29	28.57	5.36	5.36				0.280	0.339	0.300	1.840
4	妊娠后期道细 F₁ 母羊	36.36	25.97	12.99	15.58	3.91	5.19				0.390	0.360	0.290	1.868
5	妊娠后期道萨 F₁ 母羊	30.93	28.86	12.37	20.62	3.09	4.12				0.490	0.370	0.250	2.100
6	妊娠后期道阿 F₁ 母羊	29.79	12.77	21.27	21.27	6.38	8.52				0.290	0.500	0.250	2.200
7	泌乳期道细 F₁ 母羊	24.09	19.28	24.09	24.09	3.61	4.82				0.420	0.340	0.380	2.280
8	泌乳期道萨 F₁ 母羊	29.27	32.52	19.51	13.01	2.44	3.25				0.620	0.380	0.270	2.240
9	泌乳期道阿 F₁ 母羊	15.53	38.83	29.13	9.72	2.91	3.88				0.520	0.330	0.380	2.270
10	种公羊采精期	59.50	10.00	15.00	13.00	0.50	2.00				0.800	1.200		2.000
11	10~60日龄羔羊补饲	58.50	3.00		5.00	1.00	1.00	27.00	1.00	3.50	0.140	0.087		
12	4~5月龄育肥羔羊	51.00	5.00	17.00	11.00	1.00	1.00	11.00	1.00	2.00	0.610	0.340		0.350
13	3月龄育成母羊	68.49	8.22	2.74	13.70	1.37	1.37	2.74	1.37		0.365	0.300		0.500
14	4月龄育成母羊	83.12	2.60	2.60	7.79	1.30	1.30		1.30		0.385	0.400		0.700
15	5月龄育成母羊	73.90	2.31	2.31	18.48	1.85	1.15				0.433	0.300	0.100	0.800
16	6月龄育成母羊	79.90	2.42	2.42	12.11	1.94	1.21				0.500	0.300	0.150	0.800
17	7月龄育成母羊	67.31	3.85	5.77	19.23	1.92	1.92				0.520	0.300	0.150	0.900

（1）泌乳前期 母羊产后前两个月谓之泌乳前期（第1~60d）。研究表明，泌乳前期的泌乳量约占泌乳期（4个月）泌乳量的60%~70%，是泌乳上升及高峰维持期，也是羔羊依赖母乳快速发育的关键时期，直接关系到羔羊成活率、断奶体重及以后的生长发育与生产性能。泌乳前期饲养管理的中心任务是采取各种措施，提高母羊的泌乳量。

①饮水：母羊产前和产后1h左右都应饮温水。产后第一次饮水（可以是麸皮水）不宜过多。冬季产羔，注意保暖、保持圈舍干燥，切忌饮用冰冷水。

②补饲：产后3d，开始对母羊补饲精料，酌情逐渐增加。注意消化不良或发生乳房炎的发生。

③放牧：产后1周内的母子群应舍饲或就近放牧，1周后逐渐延长放牧距离和时间，阴雨天、风雪禁止舍外放牧。泌乳前期母羊应以补饲为主，放牧为辅。

④营养：泌乳期是母羊整个生产周期（8~12个月）中生理代谢最为旺盛的时期，营养需求量大、质量高。因而，应根据母羊的体况及所带单、双羔的情况，按照营养标准配制日粮。日粮中精料比例大。宜多喂优质青干草、多汁饲料、青贮料，饮水要充足。

⑤管理：泌乳前期第1个月，母仔分离饲养、定时哺乳、晚间合群，以利羔羊补饲和母羊采食与休息。羔羊一般不随母羊外出放牧。1月后可母仔合群外出放牧，但晚间母仔分离，羔羊继续补饲。单双羔母羊分群分圈饲养；单羔母羊少补，双羔母羊多补，适当照顾初产母羊。

（2）泌乳后期 母羊产后第3~4月（第61~120d）为泌乳后期。母羊在泌乳后期产奶量逐渐下降减少、直至停乳。因此，泌乳后期母羊饲养管理的主要任务是恢复体况，为下一次配种做准备。

①营养与日粮：按照泌乳后期（产奶量）饲养标准配制日粮。日粮中多汁饲料、青贮饲料和精料比例较泌乳前期减少，营养水平也有所下降。

②放牧与补饲：泌乳后期母羊应以放牧为主，逐渐取消补饲。处于枯草期时，可适当补喂青干草。

③断奶时间：放牧和饲养条件较差时，以羔羊90~120日龄断奶为宜；一般舍饲的以60~90日龄为宜；使用羔羊代乳料时，多羔母羊以30~45日龄断奶为宜。

④注意事项：要经常检查母羊乳房，发现异常情况及时采取相应措施处理。为预防乳房炎的发生，可在羔羊断奶前1周内，于母羊日粮（精饲料）中适量加入维生素E，也可饮水口服或肌肉注射之。

2. 营养需要

40~80kg泌乳母羊的日粮干物质进食量和消化能、代谢能、粗蛋白质、钙、总磷、食用盐每日营养需要量见表6-12。

表6-12 生产母羊泌乳期适宜营养需要 （单位：d/只）

体重（kg）	日泌乳量（kg）	DM（kg）	ME（MJ）	CP（g）	Ca（g）	P（g）
40~45	0.300	1.022	13.737	89.4	12.6	8.7
	0.400	1.187	14.277	95.6	12.6	8.7
	0.500	1.353	14.816	101.8	12.6	8.7

（续表）

体重（kg）	日泌乳量（kg）	DM（kg）	ME（MJ）	CP（g）	Ca（g）	P（g）
	0.600	1.518	15.355	108.0	12.6	8.7
	0.700	1.684	15.894	114.2	12.6	8.7
	0.800	1.850	16.433	120.4	12.6	8.7
	0.900	2.015	16.972	126.6	12.6	8.7
	1.000	2.181	17.511	132.9	12.6	8.7
	1.100	2.346	18.050	139.1	12.6	8.7
	1.200	2.512	18.589	145.3	12.6	8.7
	1.300	2.677	19.128	151.5	12.6	8.7
	1.400	2.843	19.667	157.7	12.6	8.7
46~50	0.300	0.937	13.533	89.3	11.1	7.8
	0.400	1.103	14.072	95.5	11.1	7.8
	0.500	1.268	14.611	101.7	11.1	7.8
	0.600	1.434	15.150	108.0	11.1	7.8
	0.700	1.599	15.689	114.2	11.1	7.8
	0.800	1.765	16.228	120.4	11.1	7.8
	0.900	1.931	16.767	126.6	11.1	7.8
	1.000	2.096	17.306	132.8	11.1	7.8
	1.100	2.262	17.845	139.0	11.1	7.8
	1.200	2.427	18.384	145.2	11.1	7.8
	1.300	2.593	18.923	151.4	11.1	7.8
	1.400	2.759	19.463	157.6	11.1	7.8
51~55	0.300	0.853	13.328	89.3	13.2	9.3
	0.400	1.018	13.867	95.5	13.2	9.3
	0.500	1.184	14.406	101.7	13.2	9.3
	0.600	1.349	14.945	107.9	13.2	9.3
	0.700	1.515	15.484	114.1	13.2	9.3
	0.800	1.680	16.023	120.3	13.2	9.3
	0.900	1.846	16.562	126.5	13.2	9.3
	1.000	2.012	17.101	132.7	13.2	9.3
	1.100	2.177	17.640	138.9	13.2	9.3
	1.200	2.343	18.180	145.2	13.2	9.3
	1.300	2.508	18.719	151.4	13.2	9.3
	1.400	2.674	19.258	157.6	13.2	9.3

（续表）

体重（kg）	日泌乳量（kg）	DM（kg）	ME（MJ）	CP（g）	Ca（g）	P（g）
56~60	0.300	0.768	13.123	89.2	13.5	9.3
	0.400	0.934	13.662	95.4	13.5	9.3
	0.500	1.099	14.201	101.6	13.5	9.3
	0.600	1.265	14.740	107.8	13.5	9.3
	0.700	1.430	15.279	114.0	13.5	9.3
	0.800	1.596	15.818	120.2	13.5	9.3
	0.900	1.762	16.357	126.5	13.5	9.3
	1.000	1.927	16.896	132.7	13.5	9.3
	1.100	2.093	17.436	138.9	13.5	9.3
	1.200	2.258	17.975	145.1	13.5	9.3
	1.300	2.424	18.514	151.3	13.5	9.3
	1.400	2.590	19.053	157.5	13.5	9.3
61~65	0.300	0.683	12.918	89.1	13.5	9.3
	0.400	0.849	13.457	95.3	13.5	9.3
	0.500	1.015	13.996	101.6	13.5	9.3
	0.600	1.180	14.535	107.8	13.5	9.3
	0.700	1.346	15.074	114.0	13.5	9.3
	0.800	1.511	15.613	120.2	13.5	9.3
	0.900	1.677	16.153	126.4	13.5	9.3
	1.000	1.843	16.692	132.6	13.5	9.3
	1.100	2.008	17.231	138.8	13.5	9.3
	1.200	2.174	17.770	145.0	13.5	9.3
	1.300	2.339	18.309	151.2	13.5	9.3
	1.400	2.505	18.848	157.5	13.5	9.3
66~70	0.300	0.599	12.713	89.1	13.6	9.0
	0.400	0.765	13.252	95.3	13.6	9.0
	0.500	0.930	13.791	101.5	13.6	9.0
	0.600	1.096	14.330	107.7	13.6	9.0
	0.700	1.261	14.870	113.9	13.6	9.0
	0.800	1.427	15.409	120.1	13.6	9.0
	0.900	1.593	15.948	126.3	13.6	9.0

（续表）

体重（kg）	日泌乳量（kg）	DM（kg）	ME（MJ）	CP（g）	Ca（g）	P（g）
	1.000	1.758	16.487	132.5	13.6	9.0
	1.100	1.924	17.026	138.8	13.6	9.0
	1.200	2.089	17.565	145.0	13.6	9.0
	1.300	2.255	18.104	151.2	13.6	9.0
	1.400	2.420	18.643	157.4	13.6	9.0
71~75	0.300	0.514	12.508	89.0	13.2	9.0
	0.400	0.680	13.047	95.2	13.2	9.0
	0.500	0.846	13.587	101.4	13.2	9.0
	0.600	1.011	14.126	107.6	13.2	9.0
	0.700	1.177	14.665	113.9	13.2	9.0
	0.800	1.342	15.204	120.1	13.2	9.0
	0.900	1.508	15.743	126.3	13.2	9.0
	1.000	1.674	16.282	132.5	13.2	9.0
	1.100	1.839	16.821	138.7	13.2	9.0
	1.200	2.005	17.360	144.9	13.2	9.0
	1.300	2.170	17.899	151.1	13.2	9.0
	1.400	2.336	18.438	157.3	13.2	9.0
76~80	0.300	0.430	12.304	88.9	13.2	9.0
	0.400	0.596	12.843	95.2	13.2	9.0
	0.500	0.761	13.382	101.4	13.2	9.0
	0.600	0.927	13.921	107.6	13.2	9.0
	0.700	1.092	14.460	113.8	13.2	9.0
	0.800	1.258	14.999	120.0	13.2	9.0
	0.900	1.423	15.538	126.2	13.2	9.0
	1.000	1.589	16.077	132.4	13.2	9.0
	1.100	1.755	16.616	138.6	13.2	9.0
	1.200	1.920	17.155	144.8	13.2	9.0
	1.300	2.086	17.694	151.1	13.2	9.0
	1.400	2.251	18.233	157.3	13.2	9.0

三、适宜日粮配方

泌乳期母绵羊每日适宜日粮配方参见表6-11。

一胎产多羔，母子平安

羔羊早期断奶育肥

代乳品的定量、定温饲喂

用奶瓶饲喂代乳品

用代乳品饲喂器饲喂代乳品

用饲槽饲喂代乳品

断奶羔羊补饲栏

（图片来源：宁夏职业技术学院精品课程）

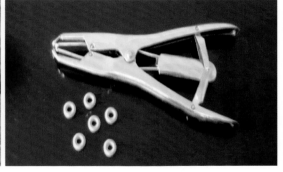

（图片来源：宁夏职业技术学院精品课程）

山羊TMR颗粒饲料饲喂

绵羊TMR饲喂

萨×阿F$_1$ 4~5月龄杂交羔羊

萨多杂交羔羊

右图：左中右分别为纯种阿勒泰羊、道阿F$_1$、道阿F$_2$ 4~5月龄羔羊胴体。

上图：左中右分别为纯种阿勒泰羊、道阿F$_1$、道阿F$_2$ 4~5月龄羔羊尾巴。

萨寒杂交羔羊

幼龄道细杂交羔羊群

杜寒F₁ 4月龄羔羊

杜湖杂交羔羊

萨寒阿三元杂交母羊